本书获得上海市新闻出版专项资金(数字出版)资助

走近非洲动物

冯羽 主编

上海大学出版社

图书在版编目（CIP）数据

走近非洲动物 / 冯羽主编. —上海：上海大学出版社，2018.1

ISBN 978-7-5671-2881-1

Ⅰ.①走… Ⅱ.①冯… Ⅲ.①动物—非洲—儿童读物 Ⅳ.①Q958.54-49

中国版本图书馆CIP数据核字（2017）第170783号

责任编辑　傅玉芳
装帧设计　柯国富
技术编辑　金　鑫　章　斐

走近非洲动物

冯　羽　主编

出版发行	上海大学出版社
社　　址	上海市上大路99号
邮政编码	200444
网　　址	www.press.shu.edu.cn
发行热线	021-66135112
出 版 人	戴骏豪
印　　刷	上海新艺印刷有限公司
经　　销	各地新华书店
开　　本	787mm×1092mm　1/12
印　　张	7
字　　数	140千字
版　　次	2018年1月第1版
印　　次	2018年1月第1次
书　　号	ISBN 978-7-5671-2881-1/Q·007
定　　价	42.00元

特别鸣谢	九三学社上海市委员会
	中共上海市科学技术工作委员会
	上海市科普作家协会
	上海市科技传播学会
	上海市香山中学

总 顾 问	褚君浩（中国科学院院士）
管理顾问	王莲华、王小明、姚　强（上海科技馆）
执行顾问	王晓娟、黄　骥、何　娅（上海科技馆）
	张培志、李胡生、周相荣、姜　锋、王志敏（九三学社上海科技系统委员会）
	卜永强（九三学社上海市委青年工作委员会）
	周建中（中国福利会少年宫）
	张光斌（上海《科学教育与博物馆》杂志社）
	李擎昊（上海市香山中学）
	方　律、昂永杰（北京灵隆科技有限公司）
	董长军（上海稻橙文化传播有限公司）

主　编	冯　羽（上海科技馆）
科学顾问	何　鑫（上海科技馆）
审稿专家	张劲硕（国家动物博物馆、中国科学院动物研究所）
	程翊欣（上海动物园）
美术指导	梅荣华（上海市香山中学）
编　委	冯　羽（上海科技馆）
	何　鑫（上海科技馆）
	张树义（沈阳农业大学）
	陈见星（塞伦盖蒂文化传播有限公司）
	徐征泽（野去自然旅行）
	张恩东（沈阳聚力创成投资有限公司）
	李良辰（中国大地财产保险股份有限公司）
绘　图	冯永明（上海铁路局）
	印漪宁、丁　宁、顾思怡、陈　翀、李纤纤、毛人杰、苏天爱、吴　韩、吴佳雯、夏　琴、朱天娇、姚慧雯、张孟玥、周欣欣（上海市香山中学高中学生，排名不分先后）
	章林佳、吕晓倩、干雅婧（上海林佳美术设计有限公司）

技术支持	上海杰瑞兆新信息科技有限公司
	科大讯飞股份有限公司
	北京灵隆科技有限公司（科大讯飞与京东合资公司）

目 录

1	序
2	前 言
3	一、非洲在哪里？
4	马赛马拉自然保护区
5	塞伦盖蒂国家公园
6	"天国之渡"
8	二、让我们认识一下非洲地区生活的动物吧！
8	记忆神兽——非洲象
12	草原之王——非洲狮
16	高个哨兵——长颈鹿
20	湖泊霸主——河马
24	冷血杀手——尼罗鳄
28	笑面杀手——斑鬣狗
32	牛头马面——角马

36	谨小慎微——白犀
40	性情粗野——斑马
44	短跑冠军——猎豹
48	爬树高手——豹
52	布阵野兽——非洲水牛
56	凤凰化身——火烈鸟

三、让我们了解一下非洲地区生活的部分土著人吧！

60 马赛人

61 哈德扎比人

62 布须曼人

四、你能把动物名称和相应图片连起来吗？

五、你能在上海科技馆和上海自然博物馆展厅里找到这些动物标本吗？

六、一起来画一画吧！

七、一起来学习一下动物的科学分类吧！

八、一起来观察一下动物的体型、体重等指标吧！

71 专家介绍

73 图片提供者名录

74 AR（增强现实）使用说明

序

在非洲的塞伦盖蒂国家公园、马赛马拉自然保护区等地方，拥有丰富的野生动物和植物种类，在这里构成了庞大的自然生态系统。人类和大自然和谐相处。生物多样性和生态保护已经成为全社会的共识，野生动物的生存状态越来越为人们所关注。

许多科研人员和摄影爱好者长期在野外辛勤工作，收集了丰富的野生动物素材，上海科技馆和上海自然博物馆内积累了很多非洲动物的标本。这本书用第一手科学考察摄影和博物馆动物标本的照片，向读者展现了13个非洲经典动物的故事。看这本书能感受到非洲大陆上最壮观的动物活动——角马大迁徙；同时能看到那美轮美奂的优雅景象——火烈鸟腾空一跃；从非洲象、非洲狮、长颈鹿、河马到猎豹等，各种动物悉数登场，轰轰烈烈地演奏出的激情奔放的生命狂想曲，犹如一首著名的交响乐"走出非洲"的优美旋律。

我经常对学生说，要想真正做好学问，首先要有勤奋好学的态度，三天打鱼、两天晒网是不行的；其次要有好奇心、有求知欲、有追求真理的勇气，要多问为什么；最重要的是必须脚踏实地，在积累中创新，从渐进到实现跨越性发展，这其中需要的是实干精神。"勤奋、好奇、渐进、远志"这是成才的内在四素质。其中，好奇心是推动孩子求知的重要力量，要热爱大自然、热爱科学，在满足好奇心的过程中，孩子们逐渐学会独立思考，培养解决问题的能力，知识面越来越广，头脑越来越聪明。这本书的内容表达采用了提问的形式，如"大象用鼻子吸水送到嘴里为什么不会呛水呢？""长颈鹿是陆地上头和心脏距离最远的动物，会出现'脑缺血'吗？""为什么猎豹不能长时间追击猎物呢？"等，并用浅显易懂的文字来一一解答孩子们脑子里无穷无尽的疑问和困惑，让孩子们从小爱上大自然，成为一名小小科学家！

把信息技术结合到科普是本书的特点。每个动物的手绘图就是一幅AR魔法图，用增强现实技术来扫一扫，这些图立即在手机里变成3D动物，好像一下子来到你的身边，还可以与他们合影，分享到你的朋友圈；语音方面采用了人工智能语音技术，在AR扫描图中来朗读每个动物的多国语言发音。

书内大量精彩的科考图片，让我深感震撼，深受感染；书内的知识科学、严谨，同时又生动有趣；书内运用的AR增强现实技术和人工智能语音技术，令人钦佩，让读者乐在其中。在此，我特向广大读者推荐此书，希望更多的人了解野生动物，爱上野生动物，加入到野生动物保护的行列中来，让我们的地球家园变得更加美好！

中国科学院院士　褚君浩
2017年12月

前　言

大自然如同一个竞技场，经过亿万年的演化，每一种生物都练就了一套独门秘笈。它们各自不同的取食策略和繁衍策略，成为种群延续的两大利器。而作为自然的本体，生命与环境水乳交融、相互作用、相互塑造，共同造就了生机勃勃又风云莫测的自然界。生存是永恒的主题，适应是唯一的法宝。要想存活并延续就必须内修外炼，善于利用周遭环境，趋利避害。

"走近动物系列"的上一本我们去的是北极地区，认识了北极地区有代表性的8种动物，现在我们将沿着"一带一路"路线，来到非洲，看看生活在坦桑尼亚的塞伦盖蒂和肯尼亚的马赛马拉的13种动物，它们分别是记忆神兽非洲象、草原之王非洲狮、高个哨兵长颈鹿、湖泊霸主河马、冷血杀手尼罗鳄、笑面杀手斑鬣狗、牛头马面角马、谨小慎微白犀、性情粗野斑马、短跑冠军猎豹、爬树高手豹、布阵野兽非洲水牛、凤凰化身火烈鸟。

让我们一起来触摸生命的脉动、感悟生存的智慧吧。

一、非洲在哪里？

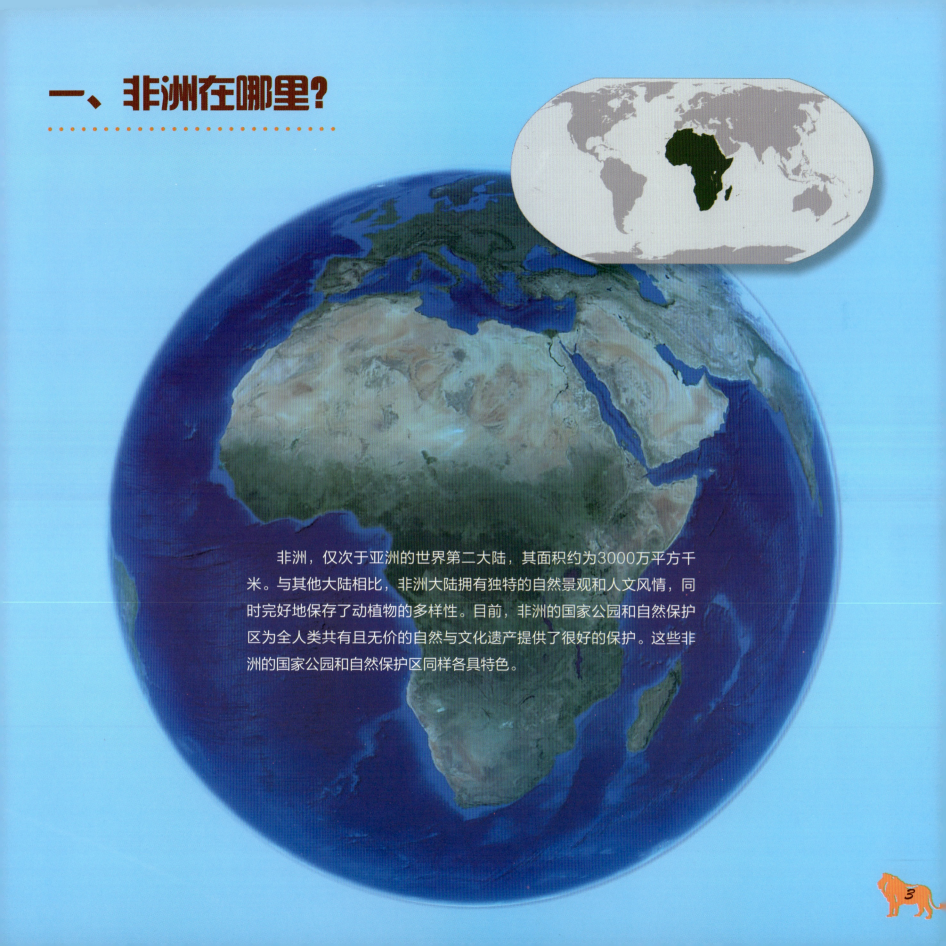

非洲，仅次于亚洲的世界第二大陆，其面积约为3000万平方千米。与其他大陆相比，非洲大陆拥有独特的自然景观和人文风情，同时完好地保存了动植物的多样性。目前，非洲的国家公园和自然保护区为全人类共有且无价的自然与文化遗产提供了很好的保护。这些非洲的国家公园和自然保护区同样各具特色。

走近非洲动物

马赛马拉自然保护区

面积：位于肯尼亚的马赛马拉自然保护区面积约1500平方千米。

地形地貌：比较单一，主要是开阔的草原。

动物数量与习性：除了大迁徙的季节，见不到铺天盖地的数十万规模的角马群。

基础设施：马赛马拉是自然保护区。

塞伦盖蒂国家公园

面积：位于坦桑尼亚的塞伦盖蒂国家公园面积约14000平方千米。

地形地貌：包含了短草平原、稀树草原、峡谷、丘陵、湖泊、沼泽、河流。特别值得一提的是草原上星罗棋布的巨型花岗岩，就是《狮子王》中荣耀石的原型。

动物数量与习性：栖息着世界上种类最多、数量最庞大的陆生脊椎动物群，这里约有70种大型哺乳动物和500种特有鸟类，被列入《世界文化与自然遗产名录》。

基础设施：塞伦盖蒂是国家公园。在非洲当地，国家公园的保护力度是大于自然保护区的。

"天国之渡"

每年有超过100万匹角马、15万匹斑马和35万头瞪羚，原本散居在塞伦盖蒂南部，不约而同地辗转走到肯尼亚的马赛马拉，在那里短暂度过一两个月后，又千里迢迢地返回塞伦盖蒂南部。年复一年，周而复始。动物在一年中行走大约3000千米的路程，途中危机四伏，大量的动物因被猎食或体力不支而死；但同时亦有新的生命在雨季来临前降生。

这些动物基本的迁徙模式是12月至来年5月雨水充足时，散布在塞伦盖蒂东南和恩戈罗恩戈罗保护区，雨季后数万平方千米的茵茵绿草，可以让动物享受充足的食物。

约6、7月间，随着旱季来临和草被吃得差不多，动物便走往仍可找到青草和有一些固定水源的塞伦盖蒂西北面。

持续的干旱使动物在8、9月间继续向北前往马赛马拉，寻找从东面印度洋的季候风和暴雨所带来的充足水源和食物，途中要渡过马拉河，河中凶猛的尼罗鳄自然不会放过这一享用大餐的机会。

马赛马拉不足以维持百万头动物的长期生活，于是11月短雨季来临前，动物又折返南面重回赛轮盖蒂，开展一轮新的循环。

二、让我们认识一下非洲地区生活的动物吧!

记忆神兽——非洲象

AR魔法图片

明星名片

学名 *Loxodonta*,是现存最大的陆生动物,几乎没有可以与之匹敌的对手。非洲象包括非洲草原象(*Loxodonta africana*)和非洲森林象(*Loxodonta cyclotis*)。非洲草原象的雄象高3.2—4米,重4700—6048千克,而雌象高2.2—2.6米,重2160—3232千克;雌、雄象均具有前突的象牙,象牙重达23—45千克,长达1.5—2.4米。非洲森林象生活于热带雨林深处,体型小而轻。非洲象身体庞大、皮肤带有皱纹,有厚厚脚板的粗腿,雄象的体重大约是雌象的2倍。它的大而突出的耳朵明显大于亚洲象,巨大的耳朵不停地呼扇,起到散热的作用。大象虽然高大威猛,却是素食者,只吃植物,不会直接对其他动物造成威胁。它巨大的身体要消耗很多能量,所以每天进食约20个小时,一次可以吃掉相当于体重5%的植物,约200千克。

African Elephants

界:动物界 Animalia
门:脊索动物门 Chordata
纲:哺乳纲 Mammalia
目:长鼻目 Proboscidea
科:象科 Elephantidae
属:非洲象属 *Loxodonta*

为什么说大象是陆地生态系统中不可多得的重要成员呢? 那是因为在非洲大草原的旱季,大象能够凭借超强的记忆力寻找到水源,很多动物更是跟在象群后面才避免了被渴死的命运。大象甚至当起了水源的保护神,谁想要撒野或者糟蹋宝贵的水源,它们可不答应!大象的"粪便残渣"不仅是一些昆虫,如粪金龟(俗称屎壳郎、蜣螂)的美食,也吸引了一些食虫鸟类的光顾,粪便中的植物种子也因此得以传播。它们在密林中踏出的象道,让很多动物有路可走。所以,大象成了陆地生态系统中不可多得的重要成员。

大象的"鼻子"为什么那么灵活呢? 那是因为它的鼻子不完全是鼻子,它没有鼻梁骨,而是由鼻和上唇构成的鼻管,大约由4000块肌肉组成,能做出各种动作。大象的鼻子用处可多啦,它除了有呼吸和嗅觉的功能外,因为灵活自如,还可以吸水、给自己洗澡、给自己喂饭。同时长长的鼻子还是大象的武器呢!再凶猛的动物,只要大象的鼻子卷住,就无法反抗了。

为什么说大象是非常聪明、情感丰富的动物呢? 这时因为大象有发达的大脑,脑容量平均重达4.8千克。它们的记忆力非常好,家庭观念很强,哪怕是分开几年以后,上百头熟悉的大象也能分辨出互相之间熟悉的声音,自己对那些让它们受过伤害的对象印象尤为深刻。曾经有一头非常温顺的大象在伦敦动物园突然发狂,袭击了三名水手,并在瞬间杀死了其中两人,只有一人侥幸逃脱。起初,人们对大象的突然发狂百思不解,后来是那位幸存者想起了事情的原委。原来三年前在马耳他的码头上,这三名水手在百无聊赖时,尽情戏弄过这头即将运往伦敦的大象。哪知道三年之后,大象仍然记得他们,并且成功地实施了复仇。但人们只要尊重大象,它们就不会无缘无故地攻击人。

大象每天做的头等大事是什么? 大象每天的头等大事是寻找水源,因为它每天需要喝40升水。它一旦听到哪里有雨,就会开始朝下雨的方向行进。

走近非洲动物

大象用鼻子吸水送到嘴里为什么不会呛水呢? 秘密在于大象的鼻腔后面有一块特殊软骨。当大象用鼻子吸水时,水便进入鼻腔,等水快要灌满鼻腔的时候,喉咙部位的肌肉收缩,那块软骨适时地移动位置,将气管堵住,这时呼吸道关闭,大象就憋了一口气,等大象把鼻端放到口中,软骨归位,大象呼气,水就流出来啦。

大象为什么要用鼻子吸卷泥土撒在自己身体上呢? 这是因为大象身体的毛非常稀疏,容易被蝇类、蚊虫叮咬,所以大象在洗完澡后,常常用鼻子吸卷泥土撒在自己的身体上,用来防止蚊蝇蚋的骚扰。

非洲象栖息地范围广泛分布在非洲撒哈拉以南地区，主要生活于草原、沙漠、热带雨林和湿地靠近湖泊和河流的地区。

判断对错

★ 1. 非洲象喜欢吃动物、植物。
★ 2. 非洲象每天的头等大事是睡觉。
★ 3. 非洲象记忆力非常好。
★ 4. 雌性非洲象的体重是雄象体重的2倍。
★ 5. 非洲象鼻子没有鼻梁骨。

答案：1.× 2.× 3.√ 4.× 5.√

草原之王——非洲狮

AR魔法图片

明星名片

学名Panthera leo，是非洲最大的猫科动物，它的独特之处在于它们不是独居生活。成年雄性非洲狮重量在150—250千克，头体长170—250厘米，尾长90—105厘米。成年雌性非洲狮重量在120—182千克，头体长140—175厘米，尾长70—100厘米。非洲狮通常群居生活，一个狮群一般有5—10个成员，其中包含连续几代的雌狮、至少一头成年雄狮和一些成长中的幼狮。为了防暑降温和节约能量，非洲狮中的东非狮一天要睡20个小时，是猫科动物中睡眠时间最长的。

African Lion

界：动物界　Animalia
门：脊索动物门　Chordata
纲：哺乳纲　Mammalia
目：食肉目　Carnivora
科：猫科　Felidae
属：豹属　Panthera

非洲雄狮和雌狮长相一样吗？ 它们看起来明显不同，成年雄狮一般都长有浓密的鬃毛，均匀地布满脸颊、额头、脖子和前胸，显得帅气十足，威风凛凛，通常成年雄狮鬃毛的颜色会随着年龄的增长，由金黄慢慢变为褐色；雌狮缺乏雄狮浓密的鬃毛，但同样身材匀称，肌肉发达。

非洲雄狮有很强的领地意识吗？ 它们一般都有各自的领地，但这些领地只是它们自己单方面划分的，其他狮群并不理会，这就需要雄狮们巡视领地，它们通过震耳欲聋的吼叫去宣誓主权、震慑对手。雌狮出生后就在自己的领地内，一直跟自己的母亲生活在一起，终生都不会分离。但雄狮在自己的狮群通常只待两年，就会被雄性狮王赶走，这实际是避免近亲繁殖的对策。这些流浪的、逐渐成长的雄性非洲狮有时独自行动，有时组成小群，到了一定时机，便会征服另一个狮群的狮王，并取而代之。

面对有限的食物，非洲狮会怎样做呢？ 雄狮绝对会当仁不让地吃独食，雌狮们只能忍气吞声地等待，哪怕猎物是它们辛辛苦苦捕获的。不过，从另外一个角度说，如果雄狮饿着肚子，就有可能被外来入侵的雄狮或狮群打败，导致狮群的幼崽儿全部被屠杀，所以雌狮在食物上的退让，也可以视作为了更好地让雄狮肩负起保卫领地和幼崽儿的重任。

成年非洲雄狮和雌狮是如何分工的呢？ 非洲狮具有极强的群体意识，是猫科动物中唯一群居生活的动物。成年狮子是有分工的，雌狮除了产仔繁衍后代以外，主要的任务就是捕猎食物，而雄狮除了当幼狮的爸爸外，负责整个狮群的安全。一旦发现敌害入侵，或者狮群中的成员遭到攻击，雄狮就会挺身而出，把敌人赶走。

走近非洲动物

非洲狮是怎样捕猎的呢？ 非洲狮捕食猎物通常采用悄悄跟踪、慢慢爬行和屏息不动等方法，充分利用自己的外表做掩护，慢慢地靠近猎物，然后在足够近的距离位置，迅速而有力地扑到猎物身上，用嘴巴咬住猎物的口鼻处，使其窒息而死。狮子大部分是集体捕猎，特别是猎杀大型猎物的时候，如非洲水牛和长颈鹿等。它们捕捉的猎物包括斑马、角马、羚羊和非洲水牛等。幼年非洲狮一出生就能睁开眼睛，三个月后，开始跟随妈妈外出，长到11个月大后就可以参加捕猎活动，所以小狮子们经常会在一起肆无忌惮地追逐打闹，它们用这种方式学习和提高搏斗、撕咬、偷袭等技能，这是它们日后的生存所需。

非洲狮主要生活于非洲茂密的草甸草原、稀树草原、开阔的森林草原和灌木丛中。

判断对错

★ 1. 雌性非洲狮负责繁衍后代，雄狮负责捕猎食物。
★ 2. 非洲狮常常是单独捕猎的。
★ 3. 雌性非洲狮出生后就在自己的领地内，一直跟自己的母亲生活在一起，终生都不会分离。
★ 4. 雄性非洲狮在自己的狮群通常只待两年，就会被雄性非洲狮王赶走或者自己离家出走。
★ 5. 入侵的雄性非洲狮一旦战胜狮群内的雄狮，就会屠杀狮群内的全部幼崽儿。

答案：1.× 2.× 3.√ 4.√ 5.√

高个哨兵——长颈鹿

明星名片

　　学名 *Giraffa camelopardalis*，是陆地上最高的动物，成年长颈鹿高4.3—5.7米，相当于两层楼那么高。最高纪录的雄性长颈鹿为5.88米高，最高纪录的雌性长颈鹿为5.17米高。成年雄性长颈鹿平均体重1192千克，最大的体重达1930千克；成年雌性长颈鹿平均体重828千克，最大的体重达1180千克。长颈鹿有一个非常细长的脖子，长度2—2.4米，几乎占它高度的一半，虽然长颈鹿脖子很长，但和其他大多数哺乳动物一样，颈椎骨都是七块，只不过它们的颈椎骨比较长，相互间有粗壮的肌肉相连。尽管长颈鹿的脖子和腿很长，但它的身体较短，位于头部两侧的大眼睛给它良好的、全方位的视野。长颈鹿的听觉和嗅觉相当灵敏，它能够让它肌肉的鼻孔关闭，以防止沙尘暴和蚂蚁。它们通常组成小群体活动，这样有利于及时发现和抵御敌害。不过根据最新的研究观点，传统意义的长颈鹿可以分为四个种，甚至八个种，它们在野外并不相互交配，彼此之间已有一百万到两百万年的生殖隔离史。

AR魔法图片

Giraffe

界：动物界　Animalia
门：脊索动物门　Chordata
纲：哺乳纲　Mammalia
目：鲸蹄目　Cetartiodactyla
科：长颈鹿科　Giraffidae
属：长颈鹿属　*Giraffa*

长颈鹿的脖子为什么这么长？ 根据古生物学的研究发现，长颈鹿的祖先脖子并不很长，随着环境变化，低矮的植物越来越少，只有树上的叶子可供它们摘食，因此脖子较长的长颈鹿才能生存下来。经过几百万年的演化，长颈鹿的脖子越来越长，最后变成我们今天看到的样子。最近，流传着另外一种说法：自然选择中的性选择才是长颈鹿脖子长的原因。如果雄性长颈鹿拥有长长的大脖子，它就容易俘获雌性长颈鹿的芳心，雄性长颈鹿的长脖子得到了进化。雄性长颈鹿彼此"缠颈"和"碰头"的独特搏斗优势以及拥有最长颈和最重脑袋的常能获胜的事实，进一步成为支持这种假设的证据。可是，一些调查显示，雌性长颈鹿和雄性长颈鹿的脖子的长短并没有明显差别。所以"长颈鹿的脖子为什么长"这个科学争论还有待进一步研究呢。

长颈鹿是陆地上头和心脏距离最远的动物，会出现"脑缺血"吗？ 长颈鹿长有一颗硕大的心脏，重量超过11千克，心壁厚达7.5厘米，特别强劲有力，以保证脑部供血。长颈鹿静止时，它的心率高达每分钟100次，每分钟输出的血量达60升，心脏压力达300毫米汞柱，脑下部颈动脉的血压保持在200毫米汞柱。因此，长颈鹿是不折不扣的"高血压"，这样才能把血液输送到离心脏"很远"的大脑。在正常情况下，长颈鹿的心脏一直以巨大的压力将血液泵向大脑。当它弯下脖子的时候，一些单向的瓣膜控制血液的压力，以防止对脑的损伤。

长颈鹿喜欢吃什么呢？ 长颈鹿主要以各种树叶和嫩枝为食，最喜欢的食物是金合欢科的树叶，每天可吃掉60多千克食物。金合欢的枝条上长着坚硬的针刺，这是植物在漫长的进化过程中找到的一种自我保护的方式，也就是用枝上的硬刺，阻退前来进食的食草动物，至少可以延缓进食的速度。不过，长颈鹿也在不断演化，它们在与金合欢树的竞争中取得了先机。长颈鹿的舌头长大约45厘米，比成人的手臂还长，呈青黑色，嘴唇薄而灵活，能轻巧地避开金合欢树枝上密密的长刺，卷食躲藏在里层的树叶。黏稠的口水和嘴唇上那层坚韧的角质隆起，都能防止舌头和嘴唇被刺伤。因此，长颈鹿能连叶子带刺一块儿吃下去，这真令人惊叹不已啊！

动物标本（上海科技馆）

长颈鹿是怎样喝水的呢？ 长颈鹿虽然很高，脖子也很长，有利于取食高处的树叶，却给它低头带来了很大的困难。长颈鹿喝水那叫一个费劲啊！它得尽量叉开前腿，形成一个八字，并拼命让脖子弯曲，以便放下头部，让嘴碰到水面。此时，长颈鹿全身肌肉紧绷，脖子上青筋突起。为防止被非洲狮袭击，它每喝一口水，就得赶紧抬头观察一下周边的情况，然后再一次艰难地低头喝水。

长颈鹿性情温和，它们彼此之间会打架吗？ 雄性长颈鹿之间会发生争斗，争斗一般发生在求偶期，因为只有战胜竞争对手才能获得雌性长颈鹿的芳心。它们打架的时候，会互相紧挨着身体，朝同一个方向直立，脖子伸得长长的，鼻孔一张一合。突然，一只长颈鹿低下头，长长的脖子好像一条皮鞭，急速朝对手抽去，武器就是它们的头部。长颈鹿会用两只短角攻击对手的胸部或脖子，久而久之，那些曾经长有茸毛的短角就变得秃秃的。另一只长颈鹿也不甘示弱，快速甩动脖子，躲开凶狠的一击，然后伺机反击。远远看去，两只长颈鹿轮番用力"甩脖子"，十分有趣。由于它们的头骨非常坚硬，一旦被对手击中要害，就可能骨折甚至死亡。

长颈鹿是"无声忍者"吗？ 长颈鹿一般是通过姿势来表达情绪的。如一只雄性长颈鹿首领碰到其他同类时，为了使对方认识自己，它会高傲地扬起下巴。当有危险发生时，长颈鹿会紧张地用尾巴拍打肋部，或僵直地伸长脖子向前疾奔。因此，在过去很长一段时间里，人们都认为长颈鹿是哑巴，将它们称为"无声忍者"。其实它们是有发音器官的，研究表明，长颈鹿之间可以通过人耳听不到的次声波来进行非常复杂的交流，但这并不证明长颈鹿所有的叫声不能被人耳听到，实际上人类能听到长颈鹿发出多种不同的声音，而且能听得非常清晰，遇到异常情况时，它们会从鼻腔发出鼾鸣声。雄性长颈鹿兴奋或是与对手竞争时则会发出嘶哑的咳声或呼噜声。

长颈鹿主要分布在非洲撒哈拉以南，主要生活在干旱的稀树草原和生有散生金合欢树的开阔林地。

判断对错

★ 1. 长颈鹿的颈椎骨和人的颈椎骨一样，都是七块。
★ 2. 长颈鹿的舌头是粉红色的。
★ 3. 长颈鹿性情温和，彼此之间从来不打架。
★ 4. 长颈鹿是"高血压"动物。
★ 5. 长颈鹿主要以各种树叶和嫩枝为食。

答案：1.√ 2.× 3.× 4.√ 5.√

走近非洲动物

湖泊霸主——河马

AR魔法图片

明星名片

学名Hippopotamus amphibius，是生活在陆地上体型仅次于大象和犀牛的哺乳动物，是非洲内陆河流、湖泊的霸主，没有什么动物敢轻易挑战它们。虽然河马体型巨大，但它是真正的水陆两栖动物。成年河马肩高1.5米，体长3—5米，成年雄性河马平均体重约1500千克，最重可达到2000千克，极个别体重可以达到2660千克，甚至3200千克；成年雌性河马平均体重为1300千克。河马头很大，嘴巨大，可以张开近180度，在打呵欠时可以看到獠牙一样的犬齿，门牙长40厘米，而犬齿长达50厘米。成年河马的咬力接近1000千克，能轻易地把一艘小木船咬成两截。它们的皮肤非常厚，约6厘米左右，几乎没有毛。短而细的腿支撑着巨大的身体，每个脚上有4个趾，脚趾间有蹼。短距离每小时可跑30千米。

Hippo

界：动物界 Animalia
门：脊索动物门 Chordata
纲：哺乳纲 Mammalia
目：鲸蹄目 Cetartiodactyla
科：河马科 Hippopotamidae
属：河马属 *Hippopotamus*
　　倭河马属 *Choeropsis*

河马为什么喜欢待在水里"泡澡"呢? 这是因为非洲的天气实在是太热了,太阳又毒,河马的皮肤尽管有黏液腺,但外层薄皮很容易因干燥而很快爆裂,必须有规律地在水中或泥浆中弄湿。此外,河马身体笨重,虽然长有长牙巨口可以自卫,但转动不灵活,防御鬣狗、狮群等太费力了,还是待在水里比较安全。如果想上岸吃草解馋,一般都是在晚上偷偷地跑上岸去才比较安全。

河马喜欢一群一群地在水里"泡澡"吗? 不是的哦,其实现存的河马有两种,除了我们熟知的河马,也就是普通河马外,还有一种倭河马(*Choeropsis liberiensis*)。我们平时说的河马都指的是普通河马。两种河马都喜欢待在水里"泡澡",不同的是:普通河马喜欢群泡,一般群体数量5—30头,多时可达100头,而倭河马的性格较孤僻,体型较小,肩高不足1米,体长不足2米,体重小于300千克,现存数量很少,喜欢独自或一对泡在一起。

为什么说河马是潜游高手呢？ 这是因为河马在水里的时候，耳朵和鼻孔会自动关闭，不会流进一滴水，而它的身体密度稍微大于水，可以慢慢下沉，或者在水底轻松地行走。它也可以通过在水面呼吸使肺内充满气体，减少身体密度来浮在水面上。为了适应水里的生活，河马的五官位置发生了变化，鼻子、眼睛和耳朵都生在头脸的上部，这样即使泡在水里也照样能呼吸畅通，眼观四方。当遇到敌人的时候，它可以立即潜游逃走。

河马真的像它的模样一样憨厚温柔吗？ 非洲当地有句谚语："宁可遇到过路的非洲狮，不要撞上一头打盹的河马。"河马的危险性由此可见一斑。的确，河马是整个非洲伤人最多的动物，河马虽然模样憨厚，还是素食主义者，但它稍遇不爽，就会大发雷霆，横冲直撞。它一般不攻击人类，但如果碰到它在繁殖期时就要小心了。这个时期的河马脾气变得非常暴躁，很好斗，最好离它远一点儿。

河马的皮肤真的会流血吗？ 有时河马的皮肤看上去像在"流血"，其实不是真的在流血。河马的皮肤干燥，表面会分泌出一种淡粉色的黏稠油脂，便于保护和湿润自己的皮肤，可以起到防晒作用，它们常被人误认为是河马排出来的血，被称为"汗血"。

为什么千万不能侵犯河马的领地呢？ 雄性河马有很强的领地意识，不停地在水塘里排便，边排便短尾巴还边摆来摆去，将粪便四处撒播，弄得粪如雨下，它用这种方式宣告自己的领地范围。相邻的雄性河马张开大嘴抗议，有时会上阵拼杀一番，以击退得寸进尺的邻居。雄性河马为争夺地盘打架时，各自张开大嘴互咬，结果双方不是重伤，就是丧命。

河马是怎样吃食物的呢？ 河马夜晚会爬到陆地上吃东西，一个晚上可以吃掉四五十千克的草。它们的脖子很短，吃草时只能左右摇晃着脑袋，沿一条直线慢慢地朝前吃，以至吃出一条小径来。等吃饱后，它们再沿着这条吃出来的路，返回水源地。

普通河马主要分布在非洲近撒哈拉沙漠东部和南部地区。生活在草地和湿地中，白天在水中。倭河马主要分布在非洲西部，生活在热带森林和湿地中。

判断对错

★ 1. 河马喜欢吃各种动物。
★ 2. 河马脾气温柔憨厚。
★ 3. 河马皮肤流出的液体可以防晒。
★ 4. 河马在水里的时候，耳朵和鼻孔会自动关闭，不会流进一滴水。
★ 5. 河马是整个非洲伤人最多的动物。

答案：1.× 2.× 3.√ 4.√ 5.√

冷血杀手——尼罗鳄

明星名片

学名 *Crocodylus niloticus*，是世界上现存的第二大爬行动物，也是非洲最大、最著名的鳄类。尼罗鳄类广泛分布于撒哈拉以南的尼罗河流域及非洲东南部地区。尼罗鳄有很强的环境适应能力，在湖泊、河流、淡水沼泽，甚至少数盐水区域都可以生存。成年雄性尼罗鳄体长3.5—5米，体重225—750千克，现今有记录最长超过6.1米，重达1090千克；雌性尼罗鳄通常比雄性尼罗鳄小30%。它的身体为橄榄绿色，有黑色的斑点及网状花纹，躯干背面有坚固的厚鳞甲6—8纵列。尼罗鳄的长尾是一个水下推进器，波状的长尾几乎占了身长的一半，能驱动它每小时游上15千米。当它停在水底时，它的心跳只有每分钟4次，可以抑制呼吸近2小时，以此来节省能耗。它的寿命为70—100岁。

AR魔法图片

Nile crocodile

界：动物界　Animalia
门：脊索动物门　Chordata
纲：爬行纲　Reptilia
目：鳄目　Crocodilia
科：鳄科　Crocodylidae
属：真鳄属　*Crocodylus*

鳄类是恐龙的近亲吗？ 1.8亿年前，恐龙和会飞的爬行动物统治着地球，直到6500万年前它们几乎全部消失。但恐龙的近亲——初龙家族中的某一分支却幸存下来了，它就是鳄类。鳄类是地球上最古老的动物家族之一。

尼罗鳄有多凶猛呢？ 尼罗鳄比世界上最大的鳄类湾鳄更为凶猛，力大无穷，尾巴强健有力，敢于攻击任何靠近河边的动物，包括非洲象和非洲狮。动物一旦被尼罗鳄咬住拖入水中，必死无疑。

尼罗鳄是怎样获取食物的呢？ 尼罗鳄会把它的整个身体都潜在水下，只把鼻孔露出水面，好像一艘潜艇一样，缓慢地朝猎物游去，让猎物毫无知觉。然后，尼罗鳄就突然从水底一跃而起，张开血盆大口，对准猎物的脖子狠狠咬去，猎物被尼罗鳄铁钳一般的利牙咬住而无法挣脱，然后尼罗鳄一甩头，猎物就被它拖入了水中，成了它的盘中餐。它双颌同时用力，可以像汽车碾碎机那样，咬碎一只大型动物。尼罗鳄类经常会囫囵吞下食物，强酸性的消化液会使食物迅速液化，它的腐蚀性相当于汽车电池酸液，甚至可以溶解骨骼。

为什么用同样的手段很难抓住同一条尼罗鳄呢？ 这是因为尼罗鳄的智商比我们想象的更高。它虽然是爬行动物，脑容量很小，但尼罗鳄的大脑在鳄类中却是最大的。它比其他爬行动物拥有更复杂的头脑，记忆力也很强。据说很难用同样的手段再次抓住同一条尼罗鳄，因为尼罗鳄会记住捕食者的套路。尼罗鳄还会研究、观察猎物的行为，记住它们每年的迁徙时间，然后埋伏在合适的地点，伺机偷袭。

鳄类有团队合作能力吗？ 鳄类还有复杂的群猎行为，它们会围成一个圆形把鱼困在中心来围猎，甚至懂得聚集在河流下游水流方向单一的地方，因为在这种地方鱼群无法转向，会直接冲入尼罗鳄的包围圈。有时，尼罗鳄也会围成一个半圆把鱼困在岸边。

鳄类是如何保持体温的呢？ 鳄类过着一种简单的生活，吃，睡，还有晒太阳。阳光开启了它们一天的生活。作为一种变温动物，它们需要太阳能来升高体温，通过宽大的背部鳞片吸收充足的热量，背部的鳞片像太阳能电池板一样可以吸收太阳能，鳞片吸收的太阳热能传递到鳞片内侧的血管脉络，通过血液的流动将温暖传遍全身，转换成身体需要的热能。鳄类利用这种能量转换方式，可以保持体温，积蓄能量，几个月不进食也能存活。此外，它还会利用水里和陆上温度的不同，在两者之间穿行，以便保持体温恒定。

对于鳄类妈妈来说，孩子就是它的一切吗？ 大多数爬行动物只管产卵，然后让它们自生自灭，但鳄类妈妈和孩子们在一起的时候，那种温柔关爱之情令人感动。鳄类妈妈产下蛋后，会守在那里，几乎寸步不离，三个月后，蛋孵出来了，听到小生命的第一声呼唤，鳄类妈妈就会赶紧把小宝宝装在有特殊口囊的嘴巴里，分批运送到水中，尽管它的颚和牙齿可以撕碎捣烂一头水牛，但绝不会擦伤小鳄。

鳄类的性别是由孵化温度决定的吗？ 绝大多数胚胎的性别在受精时就已经决定了，但是，有一种决定性的外部力量控制着破壳而出的小鳄是雄还是雌——那就是温度。鳄卵没有雌雄之分，小鳄的性别由孵化温度决定。一般来说，雄性的孵化温度在31—33摄氏度之间，雌性的孵化温度在28—31摄氏度之间。

尼罗鳄可以空着肚子生活多久吗？ 一条成年的尼罗鳄一年平均进食不会超过50次，因为它比其他动物更能有效利用从食物中获取的能量。它会将食物的60%转化成脂肪，储存在尾巴、腹部及长长的背部中。年老的尼罗鳄可以两年不吃东西；刚出生的尼罗鳄则可空腹维持四个月；成年的尼罗鳄大都在比较热的季节进食。体型比较大的尼罗鳄会吃一些鸟类、鱼类、非洲水牛、斑马、角马等，有时也会吃腐尸。

鳄类常常半张着嘴潜伏在水中，难道它们不怕水灌进肚子吗？ 不用担心，它们有一套特殊的防水设备；嘴巴和喉咙被一种覆盖在颚上的骨质皱皮隔开，这种皱皮就像是一种阻止水进入喉咙的帆布；耳孔里的鼓膜会紧闭起来，以免进入外耳的水渗入内耳；鼻孔内的活门也会自动关闭，以阻止水流进鼻腔；眼睛上透明的眼睑闭合下来，形成一层保护膜。有了这么齐全的防水设备，鳄类就能长时间地待在水里了。

为什么鳄类在吞食食物时总会掉"眼泪"？ 其实鳄类并不是在流泪，而是在排泄体内多余的盐分。因为鳄类肾脏的排泄功能很不完善，体内的盐分就要靠位于眼睛附近的盐腺来排泄。由于鳄类吞食时，嘴巴张大会压到盐腺，于是它们就会出现流泪的模样。

尼罗鳄主要分布于非洲尼罗河流域及东南部地区。另外，在马达加斯加岛也有分布。

判断对错

★ 1. 尼罗鳄是世界上现存的最大的爬行动物。
★ 2. 尼罗鳄经常会囫囵吞下食物。
★ 3. 鳄类的性别由孵化温度决定。
★ 4. 尼罗鳄只管产卵，不管孵化。
★ 5. 年老的尼罗鳄可以两年不吃东西。

答案：1.× 2.√ 3.√ 4.× 5.√

笑面杀手——斑鬣狗

AR魔法图片

明星名片

学名Crocuta crocuta，是鬣狗科中现存最大的成员，外形像一条大狗，但它们和狗的亲缘关系其实挺远。成年斑鬣狗的体长95—165.8厘米，肩高70—91.5厘米，雌性的体型要比雄性的大10%。成年的雄性斑鬣狗的重量55—67.6千克，而雌性斑鬣狗的体重44.5—69.2千克。斑鬣狗尾巴较短，长30—35厘米，尾尖为黑色。皮毛沙黄色至棕灰色，并具斑点。头大，下颌强壮有力，身体背部向后倾斜，后腿短于前腿。它的皮毛粗糙、直立，鬃毛一般向前倒状，当兴奋时会直立起来。雌雄斑鬣狗的外生殖器非常相似。它们进食和消化能力极强，一次能连皮带骨吞食15千克的猎物。而且善奔跑，时速可达40—50千米，最高时速为60千米。它们成群活动，每群有80只左右。

Spotted hyena

界：动物界　Animalia
门：脊索动物门　Chordata
纲：哺乳纲　Mammalia
目：食肉目　Carnivora
科：鬣狗科　Hyaenidae
属：斑鬣狗属　*Crocuta*

斑鬣狗的粪便为什么都是灰白色的呢? 那是因为斑鬣狗的粪便中有残余的骨头碎末。斑鬣狗是排在非洲狮之后的非洲第二大的食肉动物,并具有难以置信的强大的颌骨和牙齿,使其能够粉碎坚硬的骨骼,获得有营养的骨髓。科学家通过测量仪器发现斑鬣狗能够产生4500牛顿的咬合力。此外,它们的消化能力也极强,可以将骨骼中的有机物质和一些坚硬的组织消化掉。因此,我们经常看到斑鬣狗啃食动物尸体,会吃得连骨头也不剩下。

斑鬣狗为什么被称之为笑面鬣狗呢? 人们在非洲的夜晚,经常能听见一种疯狂而恐怖的笑声。其实这并不是笑声,而是斑鬣狗在攻击、捕猎或发现猎物时呼朋引伴发出的嗥叫。当然,有时也是雄斑鬣狗在争夺一只雌斑鬣狗时所发出的声音。斑鬣狗嗥叫时,常常头部低垂,最初是发出低弱的声音,然后一点一点地提高音量而且不断重复,其他成员也以这种声音回复,最后以一种近似呻吟的叫声结束,这种声音通常会传到1千米以外。每一只斑鬣狗都有其特有的声音,而且它们可以用声音来区别同类。

斑鬣狗是自食其力地狩猎还是吃别的动物啃食留下来的食物呢? 人们常以为斑鬣狗是吃其他动物吃剩下来的食物,其实斑鬣狗大多是自食其力的。它们的捕猎方式有别于非洲狮和豹,它们经常长距离奔跑,成群结队地去追捕猎物。每当深夜的时候,斑鬣狗就从洞穴出来四处游荡觅食,它们有着强大的捕食能力,不一会儿就能捕到猎物。在它们准备进食的时候,会突然发出一种像人一样"吃吃"发笑的声音,这种声音一旦发出,陆陆续续就会有许多斑鬣狗快速地围过来,然后和捕到猎物的这只斑鬣狗一起享用食物,几分钟内猎物便被它们分食得干干净净。但就在它们分享食物的同时,非洲狮往往会寻味而来,在发威赶走斑鬣狗后吃它们剩下的食物。而此时斑鬣狗并没有走远,它们还要继续啃咬非洲狮吃剩下的骨头。由于这个捕猎的过程发生在黑夜,人们都在休息,所以看到的只是斑鬣狗捕食的最后一个环节,并不了解全过程,所以人们往往会认为斑鬣狗喜欢不劳而获。

走近非洲动物

斑鬣狗敢抢非洲狮的猎物吗？ 斑鬣狗的领地往往和非洲狮的领地重叠，双方碰面的机会非常多，非洲狮与斑鬣狗的关系非常紧张，双方经常为争夺领地内的食物而大打出手。斑鬣狗虽然量多势众，但还是不敢硬抢一只雄狮的猎物。它们会摆出一副咄咄逼人的架势，不断缩小包围圈，其中一只斑鬣狗会利用非洲狮分神的短暂时间，突然咬住猎物，把它拖走。其余斑鬣狗则会一拥而上，狂笑着大口吞食抢来的猎物的尸体。

斑鬣狗敢攻击非洲狮吗？ 当斑鬣狗与非洲狮的数量达到三比一以上时，就敢于攻击势单力薄的非洲狮，甚至杀死并吃掉非洲狮。但如果狮群中有雄狮在场，斑鬣狗的气焰就会削弱很多，一般只敢远远地围观，不敢轻举妄动。

小斑鬣狗是喝百家奶长大的吗？ 优势宝宝有控制吮吸斑鬣狗妈妈乳汁的权利。2—3个月之后，小斑鬣狗被送入公共巢穴中，并且可以吮吸所有哺乳斑鬣狗妈妈的乳汁。

斑鬣狗会随地大小便吗？ 斑鬣狗家族群具有公共的巢穴和排泄场所，所以它们可不会随地大小便哦。一个家族群通过吠声和气味共同守卫着方圆40—1000平方千米的领域，并且有边界巡逻的个体。

你知道斑鬣狗群属于母系社会吗？ 与大多数动物不同的是，斑鬣狗群属于母系社会。在群体中，雌性占统治地位，雄性臣服于雌性。当两只性别不同的斑鬣狗碰在一起时，雄性总让雌性走在前面。如果只有一块肉，雄性会把它留给雌性。狩猎时，经常是由雌性率领全体斑鬣狗，但在捕获猎物时，两性间一般就没有什么不同的行为。

斑鬣狗分布在非洲西部到东部及南部，主要生活在半荒漠区、热带稀树草原和林地。

判断对错

★ 1. 斑鬣狗经常啃食其他动物吃剩下来的食物。
★ 2. 小斑鬣狗出生时皮毛为黑色。
★ 3. 斑鬣狗喜欢随地大小便。
★ 4. 斑鬣狗啃食动物尸体，会吃得连骨头也不剩下。
★ 5. 斑鬣狗群属于母系社会。在群体中，雌性占统治地位，雄性臣服于雌性。

答案：1.× 2.√ 3.× 4.√ 5.√

牛头马面——角马

AR魔法图片

明星名片

学名Connochaetes，主要食草，也取食多汁植物，传统上，角马被分为两种，都生活在非洲，分别为白尾角马（Connochaetes gnou）和黑尾角马（Connochaetes taurinus）。区分这两个物种的最明显的方法是颜色和头角方向的差异。不过也有科学家将黑尾角马也拆成了好几个独立的种。角马有角，灰褐色的像牛角。雄性大于雌性，浓密的鬃毛和尾巴。黑尾角马体型在两种角马中更大。雄性黑尾角马肩高150厘米、重约250千克，而雄性白尾角马肩高111—120厘米、重约180千克。雌性黑尾角马肩高135厘米、体重180千克，雌性白尾角马肩高108厘米、体重155千克。黑尾角马往往是深灰色的颜色和条纹，有蓝色的光泽。白尾角马有棕色头发，有鬃毛，霜黑色和奶油色的尾巴。

Wildebeest

界：动物界　Animalia
门：脊索动物门　Chordata
纲：哺乳纲　Mammalia
目：鲸蹄目　Cetartiodactyla
科：牛科　Bovidae
属：角马属　Connochaetes

角马是马吗？ 角马的中文名虽然有一"马"字，但它们其实是大型牛科动物，在传统分类学上属于牛科的狷羚亚科。它的外形似牛，跑跳又有点像羚羊，所以又被称为牛羚或者角马羚。

角马的长相有什么特点呢？ 角马的长相很奇特，眼睛长在接近耳根的地方，不仔细看，还以为它们没长眼睛呢。角马的长相是牛头、马面、羊须。头粗大且肩宽，像水牛；后部纤细，像马；颈部有黑色鬣毛，像羊。角马有飘垂的鬃须，长而成簇的尾，雌雄两性都有弯角，从头顶先弯向两侧，然后向后上方扭转。角马的四肢纤细，走路总爱低着头，显得重心不稳，好像随时可能栽倒。

角马的生存法则是什么？ 集群是它们在自然界生存的法则。团结就是力量，对于角马来说，成群结队才意味着安全。在水草丰美的雨季，它们通常10—20匹结成一个家庭团体；在食不果腹的旱季，则自觉地组合成几十万甚至上百万匹的大团体，长途奔袭寻找新的草场。角马鼻子特别灵敏，不仅能闻到非洲狮、猎豹等天敌的气味，还能够嗅出远方雨水的气息，从而找到好草场。

是否所有的角马都会迁徙呢？ 事实上，并不是所有角马都会选择迁徙。白尾角马是不会迁徙的，而黑尾角马中选择迁徙的也只有部分，其中塞伦盖蒂白须角马（*C.t.mearnsi*）选择大迁徙，东部白须角马（*C.t.albojubatus*）部分迁徙，普通白须角马（*C.t.taurinus*）只做短距离迁徙，约氏白须角马（*C.t.johnstoni*）目前是否长距离迁徙还不明确。

动物标本（上海科技馆）

走近非洲动物

角马妈妈可以自主地将生小宝宝的时间提前或推后吗？ 角马妈妈即将生儿育女时，绝大多数角马妈妈都会聚集在一起，贪婪地啃食着嫩草，它们的食量会比平时增长3倍，它们必须储备充足的能量，迎接新生命的到来。为了躲避敌害，寻找安全的产崽儿地点，角马妈妈能自主地将生小宝宝的时间提前或推后1.5小时。

为什么角马妈妈生小宝宝大多在同一时间呢？ 这是因为它们要让小角马赶上如期而至的降雨，降雨会带来青草，角马妈妈们吃得饱就能分泌足够的奶水，哺育小角马，让它们快速成长。小角马出生后，要到六个月后才完全断奶，它们和妈妈形影不离地在一起要生活一年。

角马横渡马拉河时会被尼罗鳄咬死吗？ 角马群从7月初开始横渡马拉河，几乎每天都会出现伤亡，但被尼罗鳄咬死的不到总数的1%，绝大部分是在过河的混乱中互相踩踏而死的。横渡马拉河需要勇气，有的角马摔断了腿，有的角马的脚卡在河中的石头缝中扭伤了，但只要勇敢地前进，与急流和乱石搏斗，就能获得生存的机会；踌躇不前，胆小怯懦，不仅会被同伴抛弃，更会沦为尼罗鳄或非洲狮的盘中美餐。

角马是典型的一夫多妻制动物吗？ 雄角马可以支配2—4只有幼儿为伴的雌角马，到了繁殖年龄的角马则会用一些行为来标示领地；它一面哞叫，一面顿足，骄傲地扬起头，用双角在地面上划出一道道痕迹；在地上打滚、排便、撒尿，并将眶前腺的分泌物涂抹在草地或树干上。当迁徙开始时，角马的发情期便随之而来，雄角马的领地变得游移不定。这时雄角马也难以管制那些妻妾们，迁徙开始后它们就分散了，只有休息时才聚集在一起。即使如此，雄角马仍会继续保护它们，如果有其他雄性角马或掠夺者来犯，雄角马会立即挺身而出，攻击对方。

为什么小角马在混乱的奔跑过程中不会走失？ 这全靠母角马的听觉和嗅觉，它们凭叫声和气味就能准确辨别出自己的孩子。

为什么说角马在非洲的整个生态系统中扮演着极其重要的角色呢？ 那是因为角马每到一处，就会将青草一扫而光，反而刺激了青草的再次生长，加快了草原新陈代谢的节奏。角马群每到一处，就会给当地的食肉动物带来美餐。一个狮群能达到繁荣昌盛，一定是建立在领地内有角马长时间停留的基础上的。

角马分布在肯尼亚南部与安哥拉南部到南非的北部，生活在开阔的多草平原和金合欢热带稀树大草原上，通常靠近水源。

判断对错

★ 1. 所有角马都会迁徙。
★ 2. 角马喜欢成群结队。
★ 3. 角马妈妈可以自主地将生小宝宝的时间提前或推后。
★ 4. 角马横渡马拉河的时候，很多会被尼罗鳄咬死。
★ 5. 角马主要食草。

答案：1.× 2.√ 3.√ 4.× 5.√

谨小慎微——白犀

明星名片

学名 *Ceratotherium*，是非洲大草原上数量最多、体型最大的犀牛类型，是陆生脊椎动物中仅次于非洲象的庞大动物，白犀包括北白犀（*Ceratotherium cottoni*）和南白犀（*Ceratotherium simum*）两个种。白犀是唯一的主要食草的犀牛类型，几乎全部以短草为食，而其他犀牛主要吃树叶。它们头大、颈短、胸宽、腿短，皮肤厚而黑，褶皱很少，前腿接缝处有突出的褶痕。雄性白犀头部和身体的长度为3.7—4米、肩高170—186厘米，雌性白犀头部和身体长度为3.4—3.65米、肩高160—177厘米。雄性白犀平均约2300千克，雌性白犀平均为1700千克。白犀鼻子上有两个呈喇叭状生长的角，一前一后。前角较大，平均60厘米长，最长可达150厘米。四个粗短的脚有三个脚趾。身体颜色的范围从黄褐色到灰色。白犀全身在耳缘和尾端处长毛。

AR魔法图片

White rhinoceros

界：动物界　Animalia
门：脊索动物门　Chordata
纲：哺乳纲　Mammalia
目：奇蹄目　Perissodactyla
科：犀科　Rhinocerotidae
属：白犀属　*Ceratotherium*

白犀为什么叫白犀呢？是因为它身白如玉吗？ 一个通常的说法是白犀的白字来自荷兰语的"wijd"，意思是"宽"，最早移民非洲南部的欧洲殖民者荷兰人用宽嘴唇这个特征来和尖嘴唇的黑犀牛区分，之后说英语的人将"wijd"误译为"white"，即"白"，使得这个名字误导世人。事实上荷兰语中，也是用"黑"、"白"来命名这两种犀牛的，而且即使早期荷兰语文献中也从来没有"宽"、"窄"犀牛这样的提法。白犀相比黑犀牛，不是因为肤色较白，而是其嘴唇更为宽平，吃草时能更接近地面，所以又名方吻犀或宽吻犀。

白犀　　　　黑犀

身体庞大的白犀性格是否也异常凶猛呢？ 白犀身体虽然庞大，大多数时间却是谨小慎微的性格，宁愿躲避而不愿战斗。当然在受伤或陷入困境时，也可能凶猛异常，往往会盲目地冲向敌人。它们体型看似笨重，但行走或奔跑速度却很快，有时候在短距离内能达到每小时45千米的速度。

犀牛是怎样守护自己的领域的呢？ 成熟雄性犀牛倾向于独居生活，雄性犀牛通过后腿间喷洒尿液来标记面积大约1平方千米的领域，必要时也会用角搏斗来捍卫领域。在领域内只有优势雄性才可以交配，繁衍后代。

白犀妈妈是怎样照顾犀牛宝宝的呢？ 白犀妈妈每次只生一个犀牛宝宝，宝宝和妈妈共同生活在一起三年，直到白犀妈妈再次生产。白犀妈妈和白犀宝宝之间利用叫声进行沟通。

白犀一天喝多少次水呢？ 白犀每天喝两次水，但如果气候干燥，它可以四五天不喝水。

白犀自卫和进攻的武器是什么？ 白犀的角是所有犀牛中最长的，最长可达150厘米，细长如鞭，高高耸立，极为特殊，而通常前角较长而稍微向后弯曲，后角较短，雌犀的角较雄犀的更长。它的角不是骨质的，而是由聚合角蛋白（也是构成头发和蹄的成分）构成的，所以并没有长在骨头上，而是长在皮肤上，但却格外坚硬和锋利，是其自卫和进攻的武器。

犀牛为什么爱穿"泥衣"呢？ 犀牛有一个古怪的习惯，每天都会去泥沼或池塘中洗澡，在泥水中翻滚搅动，使全身涂上一层厚厚的泥浆，而且涂一次晒一次太阳，直到"泥衣"有6—9厘米厚为止。因为犀牛皮虽然厚实，但体表褶缝里的肌肤十分娇嫩，而且血管和神经分布丰富，常常有虫子叮咬和寄生虫吸血，使得犀牛痛痒难忍，而"泥衣"正好能起到保护作用，并且一举两得，还可以遮挡阳光的暴晒。

犀牛的好伙伴是谁呢？ 犀牛背上常常停留着一种小巧玲珑的红嘴牛椋鸟（Buphagus erythrorhynchus），它是犀牛的好朋友，它们常常结成小群，无拘无束地在犀牛背上走来跳去，不停地在犀牛的皮肤褶皱处觅食体表寄生虫，为犀牛清洁皮肤，简直成了犀牛的专职"保健医生"。由于犀牛的眼睛很小，视力很差，听觉也不太灵敏，所以每当发现危险情况时，这些视觉良好的朋友便会立即向犀牛发出警报，先是跳到犀牛的背上，然后飞起来大声啼叫并在上空盘旋，所以牛椋鸟又成了犀牛的"警卫"。

北白犀分布在非洲东北部的热带（或亚热带）稀树大草原，目前已经极度濒危，仅剩3头；南白犀分布在非洲南部的干旱稀树大草原，东非看到的白犀是后来人们重新引入的南白犀，并不是土生土长的北白犀。

判断对错

★ 1. 白犀是因为肤色较白才叫白犀。
★ 2. 白犀的角是它们自卫和进攻的武器。
★ 3. 白犀主要吃树叶。
★ 4. 白犀性格凶猛，喜欢打架。
★ 5. 牛椋鸟是犀牛的好伙伴，它们经常在一起。

答案：1.× 2.√ 3.× 4.× 5.√

走近非洲动物

性情粗野——斑马

AR魔法图片

明星名片

学名*Equus*，是食草性动物，只分布在非洲。现存的斑马有四种，分别为平原斑马（*Equus quagga*）、细纹斑马（*Equus grevyi*）、山斑马（*Equus zebra*）和哈氏斑马（*Equus hartmannae*）。平原斑马也叫普通斑马，是最常见的斑马，除腹部外，全身密布较宽的黑条纹，具有保护作用。细纹斑马也叫狭纹斑马，是体型最大的斑马，全身条纹窄而密，背部有很窄的白色区域，腹部和尾根部也是白色的，细纹斑马是最稀有的斑马，属于濒危级物种。山斑马是体型最小的斑马，与其他两种斑马不同之处在于它有一对像驴似的大长耳朵，除腹部外全身密布较宽的黑条纹，也属于濒危动物。哈氏斑马则是山斑马的一个亚种，现在独立为一个种。平原斑马体长2.17—2.46米、肩高1.1—1.45米、体重175—385千克，雄性大于雌性；细纹斑马体长2.5—3米、肩高1.45—1.60米、体重350—450千克；山斑马体长2.1—2.6米、肩高1.16—1.5米、体重240—372千克；哈氏斑马与山斑马的体型相近，只是颜色更发黄。

Zebra

界：动物界　Animalia
门：脊索动物门　Chordata
纲：哺乳纲　Mammalia
目：奇蹄目　Perissodactyla
科：马科　Equidae
属：马属　*Equus*

斑马是怎样睡觉的呢？ 斑马都是站立睡觉的。睡觉时总是两只斑马交叉站在一起，把头搁在彼此的脊背上，这样可以为对方放哨。斑马睡觉只是"迷糊"一会儿。

你知道每年非洲非自然死亡的非洲狮中，有三分之一是被斑马踢伤致死的吗？ 斑马奔跑时速能达到60千米，在东非大草原上，除了非洲狮之外，没有其他食肉动物能捕捉到一只健康的成年斑马。即便是非洲狮，也不容易在斑马身上占到便宜。斑马性情粗野，倘若遇到敌害，会奋起反击，又踢又咬。斑马的后腿肌肉尤其发达，一脚可以踢碎非洲狮的下颌骨。

为什么斑马的全身会布满条纹呢？ 那是因为斑马需要尽快地聚集成群，方法之一就是尽早能在更远处看见对方，这就要求斑马具有突出的色彩。经过漫长岁月的演化，斑马的身上就出现了有助于提高聚群能力的黑白相间的条纹。如此一来，即使斑马群受到非洲狮的攻击而被冲散，但布满全身、非常醒目的黑白相间的条纹，使得它们能够在较远的距离发现自己的同类，从而有助于尽快恢复聚群状态。更重要的则是形成适应环境的保护色，作为保障其生存的一个重要防卫手段。在开阔的草原和沙漠地带，这种黑褐色与白色相间的条纹，在阳光或月光照射下，反射光线各不相同，起着模糊或分散其体型轮廓的作用，展眼望去，很难与周围环境分辨开来。这种不易暴露目标的保护作用，对动物本身是十分有利的。最新的研究也指出，斑马的条纹使叮咬它们的蝇类很难寻找到目标，这与蝇类视觉系统对黑白交叉的颜色识别困难有关。

斑马每年都是和角马一起迁徙的吗？ 事实上是每年斑马比角马迁徙得更早一些，它们用镰刀一样锋利的门牙，轻松地割掉草尖，把草茎部分留给之后抵达的角马和羚羊们。食草动物占据着同一块草原，并不会因食物引起激烈的争夺，有人认为因为它们各有各的偏好：汤氏瞪羚吃地表高度不超过50厘米的草；角马吃中等长度的草；斑马喜欢吃草尖；非洲水牛则喜欢待在淤泥和沼泽地中吃深草。

走近非洲动物

为什么小斑马必须在出生之后的3分钟之内站起来呢？ 大自然是严酷无情的，小斑马降生之后，必须在3分钟之内站立起来吃奶，否则就没有体力行走和奔跑，一旦跟不上迁徙的步伐，就会被猛兽吃掉。

为什么斑马喜欢成群结队地在一起呢？ 单只斑马在低头吃草时，无法及时观察周围的状况，而抬头观察周围的状况又会影响吃草。成群的斑马则可以通过交替值班去发现危险，所以成群的斑马更容易发现埋伏在周围草丛中的非洲狮，并及时采取措施保全性命，提高生存概率。

斑马能够咽下粗糙的枯草吗？ 斑马几乎全部吃草，但偶尔也会吃灌木、草本植物、树枝、树叶和树皮。它们用盲肠帮助消化，它们的消化系统使其能够在较低营养质量的饮食上生存，而不是其他食草动物所必需的。

斑马比角马聪明吗？ 在渡河的时候，有时会看到斑马打头、角马跟随的有趣场面。斑马比角马智商高，有的斑马会等到角马群聚河边时，才混杂在角马中过河。有的斑马喜欢领头下水，走在最前面的反而最安全，因为尼罗鳄挑选攻击目标需要时间，等到尼罗鳄确定了目标时，走在前面的斑马早已跳上了岸。

在大迁徙中斑马是怎样渡河的呢？ 斑马以家庭为单位过河，一个家庭一般由一匹公斑马、两至六匹母斑马以及它们的后代组成。在大迁徙中，数千个这样的小家庭集结在一起，渡过河去寻找水源和草地。公斑马与配偶之间的感情非常深厚，一匹先渡过河的雄斑马会站在河对岸，回首观望自己的家庭成员是否全部渡过了河。有的公斑马会在马群中蹿来蹿去，不断地呼唤，寻找失散的母斑马。同样母斑马对丈夫也非常忠诚，它们通常终生待在同一个马群里。

平原斑马分布在非洲南部和东部；细纹斑马分布于埃塞俄比亚及肯尼亚北部；山斑马和哈氏斑马分布于非洲西南部。

判断对错

★ 1. 在大迁徙中，斑马以家庭为单位过河。
★ 2. 斑马喜欢趴下来睡觉。
★ 3. 斑马喜欢成群结队。
★ 4. 斑马喜欢吃中等长度的草。
★ 5. 斑马性情粗野，一脚可以踢碎非洲狮的下颌骨。

答案：1.√ 2.× 3.√ 4.× 5.√

走近非洲动物

短跑冠军——猎豹

AR魔法图片

明星名片

学名Acinonyx jubatus，是一种大型猫科动物，是世界上短距离跑得最快的陆地动物。猎豹的身体结构特点是典型的流线型体型，体毛黄色并均匀覆盖着近2000个实心黑点。沙漠中的猎豹稍微发白，黑色斑点较小，非洲东南部的猎豹身体上的斑点最大。猎豹头小而圆，脸上有黑色的撕裂条纹，就像两条深深的泪痕。猎豹有特大的肺部，有力的心脏，粗壮的动脉，长长的细腿和长长的带有黑色环纹的尾巴。它的轻盈、修长的体型与其他大型猫科动物形成鲜明的对比，使得它更类似于美洲狮。猎豹体长112—150厘米，体重21—72千克。雄性体型一般大于雌性。猎豹是食肉动物，主要在白天活动。猎豹狩猎冲刺时的平均速度为64千米/小时，瞬时爆发速度可达到130千米/小时，主要捕食羚羊。猎豹的爪子与其他猫科动物的爪子不同，没有爪鞘，不能自由伸缩，这种爪子在快速奔跑时可以抓住地面，有利于前进。

Cheetah

界：动物界　Animalia
门：脊索动物门　Chordata
纲：哺乳纲　Mammalia
目：食肉目　Carnivora
科：猫科　Felidae
属：猎豹属　Acinonyx

为什么说猎豹是短跑冠军？ 美国动物学家巴登测定，猎豹在崎岖不平的原野上，短距离的奔跑时速可达130千米左右，每跑一步竟达7米。巴登还首次测定了猎豹的加速能力，它们可在即将捕到猎物不到两秒钟的瞬间，将时速从1.61千米增至64.37千米。这种惊人的加速能力，不但称雄于动物世界，而且汽车与它相比也为之逊色。猎豹确实是现今世界上当之无愧的"短跑冠军"。

猎豹是孤军奋战者吗？ 猎豹是孤军奋战的捕食者，通常独自捕食小型食草动物，但有时几只猎豹也会一起协助作战捕杀比自身大很多的猎物。猎豹狩猎时，首先是跟踪猎物，然后高速追赶，最后是一个快速冲刺将猎物绊倒。当猎豹捕到猎物后，会在猎物边上休息一段时间再进食。这是因为猎豹在高速运动后突然停下来，心脏会跳得很快，呼吸非常急促，必须休息以恢复体力。所以，附近的非洲狮、斑鬣狗等就会趁机从它们身边掠夺食物，而猎豹大多只能眼睁睁地看着到手的猎物被劫，毫无反击之力；但有时候猎豹也会叼着小动物逃跑。

为什么猎豹不能长时间追击猎物呢？ 跑得这么快的猎豹，除了需要骨骼系统、肌肉系统、神经系统等的强大支持外，对身体的呼吸系统和循环系统都是一种极大的考验，因为高速奔跑就是在做无氧运动，一旦氧气无法及时进入身体，循环系统也就无办法工作，猎豹就必须停下来了。同时在高速奔跑中，猎豹的身体会产生大量的热量，这些热量必须及时排出体外，才不至于导致身体过热。虽然出汗和呼气都是排热的方式，但却不足以快速排热。如果体内的热量积聚过量，就会产生虚脱，因此它必须适时停下来。研究表明，当猎豹在追捕猎物时，其最多只能维持3分钟左右的高速奔跑。如果在这段时间内没有成功，它会根据当时的情况做出评估，选择继续追击还是放弃，而不会一味地消耗自己的体力。

为什么猎豹只在白天活动呢？ 因为猎豹的视力不佳，夜晚猎豹妈妈就会带着小猎豹们找到安全的地方睡觉，如果被斑鬣狗们找到，就会惹上大麻烦了，斑鬣狗会毫不留情地杀死猎豹和它的孩子们。

走近非洲动物

猎豹多长时间捕猎一次呢？ 猎豹并不一定要肚子饿了才捕捉猎物，只要有合适的机会，它们都会出手，这是本能。携带幼豹的雌豹一般每天都要捕猎，而成年独居的猎豹一般两至五天才捕猎一次。

猎豹捕获的猎物一般放哪里呢？ 猎豹与其他猫科动物不同，捕获的猎物不是隐藏起来，而是转移到70—100米以外的地方。

猎豹分布于非洲和亚洲西部，生活于草原和干旱的灌丛中。

判断对错

★ 1. 猎豹的爪子能够自由伸缩。
★ 2. 猎豹常常集体捕猎。
★ 3. 猎豹只在白天活动。
★ 4. 猎豹喜欢把捕到的猎物藏起来。
★ 5. 猎豹捕到猎物后，为了防止猎物被偷走，会立即吃掉。

答案：1.× 2.× 3.√ 4.× 5.×

爬树高手——豹

明星名片

学名Panthera pardus，俗称花豹，是大型食肉动物，毛黄色，满布黑色环斑；头部的斑点小而密，背部的斑点大而密，斑点呈圆形或椭圆形的梅花状图案，颇似我国古代的铜钱，所以又被称为金钱豹。豹的头部大，肌肉发达，爪力强大，强壮的颌能够轻而易举地杀死和肢解猎物。豹是爬树高手，具有非常强壮的肩部和前肢，经常将猎物拽上树。豹的体长通常为90—190厘米，雄性豹体重37—90千克，雌性豹28—60千克，有记录的最大重量的豹为96.5千克。豹对声音极为敏感，连频率达10万赫兹的声音都能听到。豹皮毛的颜色会随栖息地的不同而有所不同，栖息在热带稀树草原的豹，通常为淡红色或黄褐色；生活在而栖息在沙漠的豹，通常是淡淡的棕黄色；寒冷地区和高山上的豹则通常有金灰色的皮毛。豹独居生活，常夜间活动，白天在树上或岩洞休息。

AR魔法图片

Leopard

界：动物界　Animalia
门：脊索动物门　Chordata
纲：哺乳纲　Mammalia
目：食肉目　Carnivora
科：猫科　Felidae
属：豹属　*Panthera*

豹和猎豹有什么差别呢？ 一是豹比猎豹体型大；二是猎豹鼻子两边各有一条明显的黑色条纹，从眼角处一直延伸到嘴边，豹则没有这个黑色条纹；三是豹与猎豹皮毛上的花纹不一样；豹身上的花纹更为绚丽，如同一朵朵盛开的梅花，而猎豹的花纹则为一个个小黑点；四是豹的爪子不但锐利，而且具有可伸缩性。猎豹的爪子没有爪鞘，不能自由伸缩；五是豹常在夜间活动，猎豹主要在白天活动。

豹　　　　　　　猎豹

为什么豹喜欢把猎物高高挂在树上呢？ 当豹狩猎成功，特别是捕杀到如羚羊等一些大型动物时，会耐心地将猎物拖回到邻近的树上，然后慢慢享用。只要看一看围在树下的那些眼露凶光的动物们，就不难明白豹的苦心了。原来在豹的栖息环境中，总有更加凶猛的对手。这些家伙的狩猎本领常常比不过豹，却窥觑它的猎物，希望能从它的口中分一杯羹。但豹是不会让它们得逞的。和猎豹不同，豹的爪子不但锐利，而且具有可伸缩性，爬树是它的拿手绝活。豹甚至可以把比自身体重还要重的猎物拖上树。

豹是怎样捕食猎物的呢？ 尽管豹垂涎的猎物种类很多，但它们捕猎的方法却永远不变——埋伏。它们常常躲在一旁窥视，等候猎物的出现，其目标多是年幼或年老的动物，因为成年的猎物身体强壮，很容易逃脱。在埋伏之前，它们会先爬到树上观察四周的环境，然后选择一些比较有利的位置，如枝叶茂盛的大树上、水源旁等地埋伏。当发现较远的猎物时，豹会小心翼翼地前进，将腹部平贴地面，无声无息地接近猎物，等距离相当近时，就猛地扑过去，在几秒钟内将猎物制伏。

动物标本（上海科技馆）

豹是怎样标明自己领域的呢？ 雄豹的统治疆域广阔，有时也涵盖雌豹的居住地，但它们从来不侵入其他雄豹的领地，而雌豹也保卫着自己的领地，抵抗其他雌豹的入侵。雄豹常常将尿液洒在树枝和树干上，标记自己的领地，藉此让邻居了解它们的性别、年龄和成熟程度，这种标记也是它们保持联系的一种方法。当然仅有这些标记是不够的，它们在留下尿液和肛周腺分泌物的同时，还常常会在树干上留下一些明显的爪印。

豹分布在亚洲西部、中部、南部、东部和东南亚及非洲，主要生活在丘陵的森林、山脉、草地、灌木丛和半干旱荒漠。

判断对错

★ 1.豹常常夜间活动。
★ 2.豹的爪子不可以伸缩。
★ 3.豹喜欢把捕到的猎物挂到树上。
★ 4.豹喜欢用埋伏的方法捕猎。
★ 5.豹鼻子两边各有一条明显的黑色条纹。

答案：1.√ 2.× 3.√ 4.√ 5.×

走近非洲动物

布阵野兽——非洲水牛

明星名片

学名*Syncerus caffer*，又称非洲野牛。是非洲唯一很像家牛的动物，它胸膛宽阔，四肢粗壮，头大角大，颈部和隆起的肌肉更粗壮。身体覆盖着稀疏的黑毛，耳朵大而下垂。雄性个体大于雌性，雄性牛角与额头突出瘤相接，角更大更长；雌性牛角较小，从两边向外突出。在各种栖息地均能发现这种水牛，它离开水源的距离从来不会超过15千米。非洲水牛包括刚果水牛（*S. c. caffer*）、森林水牛（*S. c. nanus*）、西非稀树草原水牛（*S. c. brachyceros*）、中非稀树草原水牛（*S. c. aequinoctialis*）和南部稀树草原水牛（*S. c. mathewsi*）五个亚种。非洲水牛体长1.7—3.4米，尾巴70厘米—110厘米。非洲水牛中的亚种刚果水牛的体重500—1000千克，亚种森林水牛的体重250—450千克，体型只有刚果水牛的一半大小。当食物丰盛时，非常喜欢群居的夜行性非洲水牛会聚成2000头的牛群。在干旱的季节，牛群会分成更小的群，包括由雌牛和小牛组成的群。

African buffalo

界：动物界 Animalia
门：脊索动物门 Chordata
纲：哺乳纲 Mammalia
目：鲸蹄目 Cetartiodactyla
科：牛科 Bovidae
属：非洲水牛属 *Syncerus*

非洲水牛和亚洲水牛一样吗？ 从表面上看，非洲水牛和亚洲水牛好像有些相似，而实际上亲缘关系有点儿远。从个头到脾气秉性都相差很多，以中国南方的水牛为例，如果一头水牛的体重能够达到400千克，那就算是超大型的了。而一头非洲水牛中的亚种刚果水牛的体重一般均可达到700—800千克。非洲水牛的脾气比亚洲水牛的脾气暴躁得多，性情也比亚洲水牛凶猛得多，它们难以驯化，并善于集体作战，它们虽然是纯粹的素食者，但却是非洲最危险的猛兽之一。

非洲水牛的族群领袖是雄性水牛还是雌性水牛呢？ 非洲水牛群中最强壮的雌牛会成为族群的领袖，统领族群，并享有吃最好的草的权利。

非洲水牛平时喜欢待在哪里呢？ 非洲水牛是夜行动物，日间会避开烈日高温，常躲在阴凉处或浸泡在水池或泥泞中，使身体较凉快。

非洲水牛如何保护自己，防止被非洲狮侵袭呢？ 非洲水牛体大力足，牛群的团结精神远远超过角马、斑马等动物，它们善于集体活动，排阵作战。尽管非洲狮拥有尖牙利爪，无奈水牛群来势凶猛，好像一排装甲车冲过来，为了避免被水牛踩成肉饼，非洲狮们也会匆匆离开。

当同伴受到攻击的时候，非洲水牛会怎样做呢？ 受到攻击的非洲水牛，在危难之际，会发出撕心裂肺的惨叫声，声声惨叫不断地传向还没有走出太远的同伴们那边。其实这痛苦的惨叫是报警的信号、是求救的呼唤，同伴们闻声会迅速返回来，二三十头非洲水牛排成的方阵，瞬间将几只非洲狮团团围住，群起而攻之。非洲狮们在非洲水牛强大战斗力的攻击下，会放弃猎物，仓惶逃跑。

走近非洲动物

非洲水牛有非常强烈的报复心吗? 非洲水牛对非洲狮的袭击活动恨之入骨,并对其有着强烈的报复之心。有摄影师曾经拍到,一群非洲水牛闻到死去狮子的味道,都围拢过来。其中一头水牛低头用角将狮子的尸体挑起,又用足力气狠狠地将其摔下去。随之又一头水牛照此做了。如此再三,它们竟然通过"虐尸"进行报复,来倾泻心中的愤怒与仇恨。如此的暴烈性格,除了非洲水牛之外,在其他的食草动物中恐怕是难以寻到的。

非洲水牛是如何对待受伤的同伴呢? 非洲水牛群体有个规矩,只要同伴的伤情不特别严重,能将其带走的,就绝不会放弃不管。它们会将受伤的同伴围拢在群体中间,保护着它去寻找食物了。

非洲水牛分布在非洲西部、中部、东部和南部,生活在原生和次生森林、稀树草原、沼泽、多草的草原和山地。

判断对错

★ 1. 非洲水牛很容易被驯养。
★ 2. 非洲水牛是纯粹的素食者。
★ 3. 当同伴受伤不严重时,非洲水牛绝不会放弃不管。
★ 4. 非洲水牛中雄性水牛是牛群的领袖。
★ 5. 非洲水牛喜欢栖息在离水源不远的地方。

答案:1.× 2.√ 3.√ 4.× 5.√

凤凰化身——火烈鸟

明星名片

亦称红鹳。红鹳科（Phoenicopteridae）三属（小红鹳属、安第斯红鹳属、大红鹳属）六种鸟类的总称。其中小红鹳和大红鹳分布在非洲。小红鹳（Phoeniconaias minor），又叫小火烈鸟，它是体型最小的火烈鸟，平均身高80—90厘米、体重1.2—2.7千克。小红鹳可能是数量最多的一种火烈鸟，一个种群数量最多可达200万只。大红鹳（Phoenicopterus roseus），又叫大火烈鸟，它是体型最大的火烈鸟，平均身高110—150厘米、体重2—4千克。大红鹳叫声似鹅鸣，成年时全身羽毛粉白色，翅膀上覆盖有红色羽毛，初级和次级飞羽呈黑色，未成年时羽毛呈灰白色。火烈鸟性情安静、机警，会飞行，能游泳，但很少到深水区。两只翅膀上各长着12根强壮的飞羽，尾巴虽短，但也长着12—16根尾羽。除了嘴巴和长着鳞片的腿脚，火烈鸟全身都被羽毛覆盖，这些羽毛保护它的皮肤，避免被碱性湖水腐蚀，同时帮助它在飞行时身体保持流线型。火烈鸟通常生活在不适宜灌溉的钠质碱性水边。

Flamingo

界：动物界　Animalia
门：脊索动物门　Chordata
纲：鸟纲　Aves
目：红鹳目　Phoenicopteriformes
科：红鹳科　Phoenicopteridae
属：红鹳属　*Phoenicopterus*

你知道在非洲关于火烈鸟的传说吗？ 当地有人说，火烈鸟是凤凰的化身。当火烈鸟感觉生命即将抵达尽头时，就会平静地飞临纳库鲁湖，在暗红色的湖心入定，让湖水把自己变成一座石雕。等到来年伦盖伊火山再次喷发的时候，它们就会扇动红色的翅膀，在烈火中重生。

大小火烈鸟喜欢吃的食物是什么呢？ 大红鹳的食物包括浅水泥滩中的虾、种子和蓝绿藻等微生物；小红鹳主要吃藻类。

当两种火烈鸟站在一起的时候，根据体型大小就可以轻松区分它们，但它们分开时该如何区分呢？ 一个明显的区别在它们的嘴上：小红鹳的喙呈暗红色，看似全黑色，而大红鹳的喙只是尖端部分为黑色，其他部分为浅粉色；大红鹳羽毛的颜色更浅，小红鹳羽毛的颜色更偏粉色一点。

火烈鸟羽毛的颜色到底是白色还是粉色的呢？ 事实上，火烈鸟的羽毛原本是白色的，因为它大量吞食的藻内含有虾青素，这些虾青素在火烈鸟的羽毛中积聚，就会导致羽毛呈现绚丽的红色，蓝藻吃得越多，红色就越深。

雄火烈鸟是怎样求爱的呢？ 雄火烈鸟热情地追逐着雌火烈鸟，并不时张开翅膀，展示优美的身段和大红的翅膀。火烈鸟的羽毛颜色越绚丽，就越容易获得异性的好感，增加了繁殖成功的概率。雌鸟在前方含情脉脉地低头碎步慢走，如果看上了雄鸟，它就会蹲下身体，把头埋进湖水中。雄鸟迅速跃上雌鸟的背部，完成婚配仪式，然后它们会双双飞到纳特龙湖产卵。通常来

说，颜色最艳丽的火烈鸟最早开始筑巢，最早筑巢的火烈鸟总是能够占据优越的繁殖地点。

火烈鸟也会迁徙吗？ 火烈鸟的确也会迁徙。火烈鸟对湖泊的盐碱度变化特别敏感。雨水大时，湖水猛涨，湖中盐分稀释；旱季少雨，湖水下降，盐碱量猛增。两种情况，无论哪一种都不利于蓝藻的滋生。因此，只要出现这两种情况，全非洲的火烈鸟都会向东非大裂谷的咸水湖迁徙。每年雨季末尾，250万只火烈鸟会迁徙到纳库鲁湖筑巢产卵，生儿育女，形成世界上最大的鸟类聚集群。火烈鸟的迁徙大多在夜间进行，它的夜视能力在鸟类中不算好，但比人还是要强一些。火烈鸟喜欢在月明星稀的夜晚飞行，这样可以躲避猛禽的袭击，一个晚上可以飞行500千米以上。

火烈鸟会游泳但不能潜水吗？ 火烈鸟埋头在水中捕食时需要闭气，火烈鸟宽大的脚蹼不仅能快速游泳，还能让它们在淤泥上走得稳稳当当，但是它不能潜水。

火烈鸟是怎样躲避天敌的呢？ 与普通动物通过伪装的方式来躲避天敌不同，火烈鸟羽毛鲜艳，非常显眼，因此很容易受到猛禽等食肉动物的攻击，而自然条件严酷的纳库鲁湖就成为它们最理想的庇护所和繁殖地。

火烈鸟是怎样保证孵卵和雏鸟的安全呢？ 火烈鸟们把巢建在湖中间那些碱结晶带上，巢的外层用盐粒筑成，内层铺有柔软的羽毛。巢的周围是浓度极高的碱水和深不见底的淤泥，没有任何食肉动物能够靠近，这保证了孵卵和雏鸟的安全。

火烈鸟是尽心尽责的父母吗？ 火烈鸟每次产1枚卵，雌雄火烈鸟轮流孵化，孵化期长达41天。白天在太阳的直晒下，湖面的温度高达85℃，火烈鸟必须一动不动地趴在卵上数小时，用羽毛隔绝热浪，以免雏鸟在卵中被热死。雏鸟出壳之后，雌雄火烈鸟会轮流从胃里吐出红色的营养液来喂养它们。在父母的带领下，小鸟开始蹒跚学步，一不小心就会跌倒在湖水中。小鸟长到两周大，父母就要飞到稍远的湖面去寻找食物。此时，湖中的小鸟们就十几只甚至上百只聚集在一起活动，好像一个大托儿所。小红鹳出壳之后长到四五个月大，就能够跟随父母长途飞行了。

火烈鸟的群体观念非常强吗？ 火烈鸟喜欢群居生活，而且它们的群体观念非常强。一旦迁徙开始，无论是正在孵卵的爸爸，还是抚养幼雏的妈妈，都得服从群体，一起行动。至于东倒西歪不太会走路的幼年火烈鸟以及许多尚未孵化的卵，就只好忍痛割爱，遗弃在原地了。

大红鹳属分布于地中海沿岸，东达印度西北部，南抵非洲，亦见于西印度群岛，包括大红鹳、美洲红鹳、智利红鹳；小红鹳属仅小红鹳一种，分布于非洲东部、波斯湾和印度西北部；安第斯红鹳属分布只限于南美洲，包括安第斯红鹳、秘鲁红鹳。

火烈鸟是怎样飞行的呢？ 火烈鸟起飞前需要助跑一段距离，一边跑一边扇动翅膀，然后徐徐飞向天空。在飞行过程中，火烈鸟的头和颈项向前伸出，腿向后伸直，降落时要缓冲一段距离才能停下来。火烈鸟的翅膀完全展开时，翼展比它的身体还要长。

火烈鸟是唯一用过滤法来吞食食物的鸟吗？ 火烈鸟捕食的动作非常有趣，它先把喙浸入水中，用喙和舌头间的缝隙吸水来收集水生动物和植物，再侧转头部使喙翻转，上喙在下而下喙在上，然后头部有节奏地运动，使水和泥沙从喙边滤出，剩下的食物就留在口中。

判断对错

★ 1. 火烈鸟羽毛的颜色天生就是粉红色的。
★ 2. 大红鹳的喙是全黑的。
★ 3. 火烈鸟每次可以产很多枚卵。
★ 4. 火烈鸟的迁徙大多在夜间进行。
★ 5. 火烈鸟们把巢建在湖中间那些碱结晶带上，巢的周围是浓度极高的碱水和深不见底的淤泥。

答案：1.× 2.× 3.× 4.√ 5.√

三、让我们了解一下非洲地区生活的部分土著人吧!

马赛人

马赛人放养牛羊，不种庄稼。大部分马赛人至今还保留着原始的生活方式，以家族为单位，住在简陋的土房子里。墙是用泥土和牛粪糊的，房顶铺枯草和牛皮，房间狭窄低矮，除了一张床，没有别的家具。

马赛人的装束很显眼，男人身披束卡，实际上是红底黑条的两块布，一块围下身，一块斜披在肩上。这种衣着远看像一团火，这正是他们希望达到的效果；在野兽遍布的大草原上，这样的"一团火"能有效地驱赶野兽。女人穿坎噶，头顶戴着一圈白色的珠饰。女孩生下来就扎耳朵眼，以后逐渐加大饰物的重量，使耳朵越拉越长，耳洞也越来越大。

虽然马赛人不是狩猎民族，但他们是捕杀非洲狮的能手。马赛人放牧时不可避免地会遇到非洲狮，为了防范非洲狮袭击牛群，马赛人会先下手杀死非洲狮。现在为了保护野生动物，已经不允许马赛人随便猎杀非洲狮了。

哈德扎比人

哈德扎比人1万年前就生活在塞伦盖蒂及周边地区，至今他们还保留着原始的生活方式：身披兽皮，以野生动物为主要食物，用自制的弓箭射杀瞪羚、疣猪、狒狒、松鼠、鸟等小型动物后用火烤熟了吃。男性哈德扎比人都是猎手，他们从小就接受严格的射箭训练。

哈德扎比人实行一夫一妻制，女人结婚的聘礼是男人亲自射杀的三只狒狒，以此证明他养家的能力。女人的主要职责是抚养孩子、采摘野果和寻找水源。他们居无定所，哪里能够找到野生动物，就以哪里为家。他们的房子是用树枝、树皮、枯草和野剑麻临时搭建的，地上铺一张兽皮就是床。如果大雨来临，他们就住在树洞里。那里的猴面包树树干粗大，而且是空心的，一个树洞能够容纳六七个人居住。

布须曼人

在东非肯尼亚和坦桑尼亚，最为世人所了解的原始部落是马赛人，但是在坦桑尼亚其实还有比马赛人生活更原始的部落，他们被简单地称为bushman（意为生活在丛林里的原始人），我们叫他们布须曼人。他们的生活完全与现代文明脱离，基本上也很少接触现代人，只有游客参观的时候才会接触到。他们平时生活在东非草原上，有点游牧民族的意思，完全靠狩猎采果为生，如果抓到羚羊或者小型动物，那就开荤，没有的话就靠野果照样充饥。在旱季直接睡在丛林里，雨季也只是简单地搭一个草棚子居住。语言自成一体，生活完全不用钱，很少用外界的物资。毫无疑问，布须曼人是最原始的非洲民族之一。

四、你能把动物名称和相应图片连起来吗?

非洲象
非洲狮
长颈鹿
河马
尼罗鳄
斑鬣狗
角马
白犀
斑马
猎豹
豹
非洲水牛
火烈鸟

走近非洲动物

五、你能在上海科技馆和上海自然博物馆展厅里找到这些动物标本吗?

非洲象

非洲狮

河马

尼罗鳄

长颈鹿

斑鬣狗

角马

白犀

斑马

猎豹

火烈鸟

豹

非洲水牛

六、一起来画一画吧!

非洲象

非洲狮

长颈鹿

河马

尼罗鳄

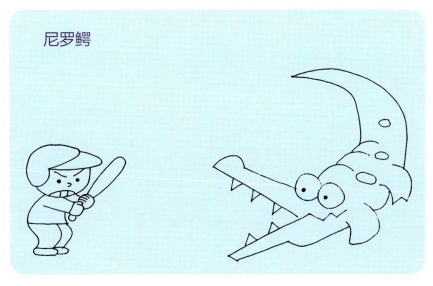

斑鬣狗

角马

白犀

走近非洲动物

斑马
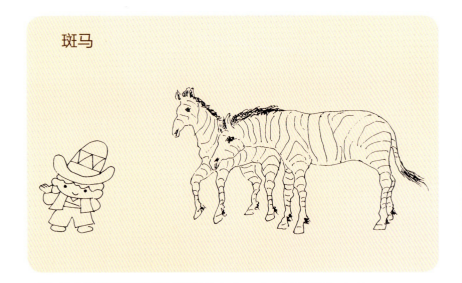

猎豹

豹

非洲水牛

火烈鸟

七、一起来学习一下动物的科学分类吧!

中文名称	英文名称	拉丁学名	界	门	纲	目	科	属
非洲狮	African Lion	*Panthera leo*	动物界	脊索动物门	哺乳纲	食肉目	猫科	豹属
豹	Leopard	*Panthera pardus*					猫科	豹属
猎豹	Cheetah	*Acinonyx jubatus*						猎豹属
斑鬣狗	Spotted hyena	*Crocuta crocuta*					鬣狗科	斑鬣狗属
长颈鹿	Giraffe	*Giraffa camelopardalis*				偶蹄目	长颈鹿科	长颈鹿属
普通河马	Hippo	*Hippopotamus amphibius*					河马科	河马属
角马	Wildebeest	*Connochaetes*					牛科	角马属
非洲水牛	African buffalo	*Syncerus caffer*					牛科	非洲水牛属
白犀	White rhinoceros	*Ceratotherium*				奇蹄目	犀科	白犀属
斑马	Zebra	*Equus*					马科	马属
非洲象	African Elephant	*Loxodonta*				长鼻目	象科	非洲象属
尼罗鳄	Nile crocodile	*Crocodylus niloticus*			爬行纲	鳄目	鳄科	鳄属
火烈鸟	Flamingo	*Phoenicopterus*			鸟纲	红鹳目	红鹳科	红鹳属

八、一起来观察一下动物的体型、体重等指标吧!

中文名称	拉丁学名	体长（米）	身高（米）	体重（千克）	寿命（年）	食性	习性	备注
非洲狮	Panthera leo	雄性1.7—2.5 雌性1.4—1.75		雄性150—250 雌性120—182		食肉	群居	非洲体型最大的猫科动物
豹	Panthera pardus	0.9—1.9	肩高0.45—0.8	雄性37—90 雌性28—60	22—30	食肉	独居	
猎豹	Acinonyx jubatus	1.12—1.5	肩高0.7—0.9	21—72	7年左右	食肉	独居	
斑鬣狗	Crocuta crocuta	0.95—1.658		55—67.6 44.5—69.2		食肉	群居	鬣狗科中现存体型最大的动物
长颈鹿	Giraffa camelopardalis		4.3—5.7	雄性平均1192 雌性平均828	20—25	各种树叶和嫩枝	群居	体型最高的陆生哺乳动物
河马	Hippopotamus amphibius	3—5	不超过1.65	雄性平均1500 雌性平均1300	40—50	食草	群居	体型第三大的陆生哺乳动物，体型仅此于非洲象和白犀
角马	Connochaetes	1.5—2.4	雄斑纹肩高约1.5 雌斑纹肩高约1.35 雄性白尾肩高约1.2 雌性白尾肩高约1.08	雄性斑纹约250 雌性斑纹约180 雄性白尾约180 雌性白尾约155	20年左右	食草	群居	
非洲水牛	Syncerus	1.7—3.4	1.4—1.7	刚果水牛500—1000 森林水牛250—450	20—25	食草	群居	
白犀	Ceratotherium	雄性3.7—4 雌性3.4—3.65	雄性肩高1.7—1.86 雌肩高1.6—1.77	雄性平均约2300 雌性平均约1700	20—25	食草	群居	体型第二大的陆生哺乳动物，体型仅此于非洲象
斑马	Equus	平原斑马2.17—2.46 细纹斑马2.5—3 山斑马2.1—2.6	平原斑马肩高1.1—1.45 细纹斑马肩高1.45-1.60 山斑马肩高1.16—1.5	平原斑马175—385 细纹斑马350-450 山斑马240—372		食草	群居	
非洲象	Loxodonta	6—7.5	草原象雄性肩高3.2—4 草原象雌性肩高2.2—2.6	草原象雄性4700—6048 草原像雌性2160—3232	60—70	食草	群居	体型最大的陆生哺乳动物
尼罗鳄	Crocodylus niloticus	3.5—5		225—750	70—100	食肉	独居	体型第二大的爬行动物，非洲最大、最著名的鳄类
火烈鸟	Phoenicopteridae		小红鹳约0.8—0.9 大红鹳约1.1—1.5	小红鹳1.2—2.7 大红鹳2—4		甲壳类动物，软体动物，水生昆虫和藻类	群居	

参考比较信息：普通三厢轿车的整备质量为1100千克，长4.54米、高1.43米。

专家介绍

肯尼斯·贝林（Kenneth E.Behring）和左焕琛

上海科技馆动物世界展区的动物标本和上海自然博物馆展厅内很多非洲动物标本，都是贝林先生捐赠给上海科普教育发展基金会，才让公众有机会能看到这些制作精美的动物标本。

贝林先生领导的环球健康与教育基金会，与左焕琛女士领导的上海科普教育发展基金会历经10余年的合作，结下了不解之缘。在贝林先生和左焕琛女士的共同推动下，通过捐赠轮椅，惠及困难残障人士，捐赠标本500余件，支持上海科技馆建设，创设青少年科普活动，激励广大青少年，为上海乃至我国科普事业做出了突出贡献。

功在当代，利在千秋。

张树义

1964年生，1994年获法国居里大学生态学博士学位，教授，中国科学探险协会副主席、中国户外探险联盟（www.casemeet.com）创始人。

张树义教授是我国第一个到亚马逊热带雨林进行长期野外研究与考察的生态学者。1995年获中国科学院"百人计划"项目资助，曾先后在中国科学院动物研究所任研究员、华东师范大学科学与技术跨学科高等研究院担任院长、兼职担任浙江海洋大学经济与管理学院院长等职务，2000年获国家自然科学基金委"杰出青年基金"项目资助，2006年获国家科技进步二等奖，2008年获教育部"长江学者"团队项目支持，2013年获上海自然科学一等奖，在 *Nature*、*Science*、*PNAS* 等杂志发表论文一百余篇。他先后在南极、北极、东非大裂谷、亚马逊热带雨林等全世界40多个国家和地区进行科学探险和科学考察，包括2008年带领万科董事长王石等企业家到亚马逊原始森林探险。出版有《野性亚马逊》《行走北极》等书籍。

陈见星

非洲的青山，本名陈见星，湖北武汉人，2004年毕业于华中科技大学。塞伦盖蒂文化传播有限公司创始人，中—非联合研究中心特聘专家，中国摄影家协会会员，乞力马扎罗（坦桑）野生动物救助中心理事，《我们爱科学》《世界遗产》杂志专栏作者。2005年进入外交部工作，2006年外派至中国驻坦桑尼亚大使馆工作。2009年加入坦桑尼亚国家公园管理局，参加坦桑尼亚南部新的保护区的规划工作。2013年《中国日报》撰文称他为"中国狮子王"，系中国长时间观测拍摄非洲野生狮子第一人。曾任坦桑国家公园驻华首席代表，在坦桑尼亚已工作生活12年。2013年用亲身经历写成《鳄鱼湖畔的狮群》，是国内第一本有关野生狮子生活的纪实作品。2014年出版《到坦桑》，是国内第一本坦桑旅游景点全面深度游记。2014年底出版与人合著的《中坦建交50周年画册集》。2016年出版《塞伦盖蒂的奥德赛》一书，详细记录了角马大迁徙的历程。中国获颁坦桑尼亚国家公园特别通行证第一人（过去十年间仅三名外国人获此殊荣）。2012年至2014年，作为现场解说专家，参加中央电视台的"东非野生动物大迁徙直播"节目。2014年《到坦桑》获得央视《读书》栏目年度十大好书称号。

徐征泽

毕业于复旦大学，野去自然旅行创始人，野生动物摄影师。爱好摄影和旅游多年，主要方向是野生动物摄影和自然生态摄影。在旅游过程中不断感受大自然的激情和野性，体会野生动物世界的奇妙，用相机真实记录、传播，希望更多的人来了解大自然的魅力，并一起保护我们的生活环境。从2007年第一次前往东非至今，已经先后30多次前往非洲十多个国家，10次前往南北两极。

张恩东

沈阳市人，高级经济师，毕业于东北财经大学。热爱摄影，拍摄作品数十万张，喜欢用镜头记录国内外自然风光和风土人情。沈阳聚力创成投资有限公司董事长，主要从事企业管理、股份制运作、投资管理等方面经济工作，曾在大型上市公司任高管职务。工作之余，参加过多次摄影大赛并获奖，作品曾在《中国城市地理》《国家人文地理》《民族画报》《人民摄影报》等众多刊物上发表。

图片提供者名录

页码	图片及图片提供者
P4	背景图 徐征泽；小图 张树义
P5	背景 徐征泽；小图 张树义
P6-7	背景图 陈见星；小图 张恩东
P8	背景图 陈见星
P9	上图 徐征泽；下图 张恩东
P10	背景图 陈见星；左下小图 张树义；右下小图 张恩东
P11	背景图 陈见星；右上小图 徐征泽；右下小图 徐征泽
P12	背景图 陈见星
P13	两幅小图 徐征泽
P14	背景图 张树义；右上小图 陈见星；左下小图 陈见星；右下小图 徐征泽
P15	背景图 张树义；左上小图 徐征泽；右上小图 张恩东
P16	背景图 陈见星
P17	右上小图 陈见星；右下小图 李良辰；左下小图 张恩东
P18	背景图 陈见星；小图 张恩东
P19	背景图 陈见星；右上小图 徐征泽；左下小图 徐征泽；右下小图 张恩东
P20	背景图 陈见星
P21	右上小图 徐征泽；右下小图 陈见星；左下小图 徐征泽
P22	背景图 张恩东；右下小图 张树义；左下小图 张恩东
P23	背景图 张恩东；右上小图 张恩东；左下小图 张恩东
P24	背景图 陈见星
P25	右上小图 陈见星；右下小图 徐征泽；左下图 陈见星
P26	背景图 张恩东；右上小图 张树义；右中小图 徐征泽；右下小图 张恩东
P27	背景图 张恩东；小图 张恩东

页码	图片及图片提供者
P28	背景图 陈见星
P29	右上小图 张恩东；右下小图 徐征泽
P30	背景图 张树义；右上小图 陈见星；右下小图 徐征泽
P31	背景图 张树义；小图 张恩东
P32	背景图 张恩东
P33	右上小图 陈见星；右下小图 张恩东；左下小图 李良辰
P34	背景图 张恩东；右上小图 张恩东；右下小图 徐征泽
P35	背景图 张恩东；小图 张恩东
P36	背景图 徐征泽
P37	右上小图 徐征泽
P38	背景图 张恩东；小图 徐征泽
P39	背景图 张恩东；右上小图 张恩东；右下小图 张恩东
P40	背景图 张恩东
P41	右上小图 陈见星；右下小图 张恩东
P42	背景图 张树义；小图 陈见星
P43	背景图 张树义；右上小图 张恩东；右下小图 徐征泽
P44	背景图 张恩东
P45	右上小图 张恩东；左下图 张恩东
P46	背景图 张恩东；右上小图 徐征泽；右下小图 徐征泽；左下小图 徐征泽
P47	背景图 张恩东；右小图 张恩东；左小图 张恩东
P48	背景图 徐征泽
P49	右上小图 张恩东；右下图 李良辰
P50	背景图 张恩东；右下小图 张恩东；左下小图 徐征泽
P51	背景图 张恩东；右上小图 张树义；右下小图 张恩东；左上小图 徐征泽
P52	背景图 徐征泽

页码	图片及图片提供者
P53	右上小图 张树义；右下小图 张恩东；左下图 徐征泽
P54	背景图 张恩东；右上小图 陈见星；右下小图 张恩东
P55	背景图 张恩东；小图 陈见星
P56	背景图 陈见星；小图 张恩东
P57	右上小图 陈见星；下图 陈见星
P58	背景图 张恩东；右上小图 张恩东；左下小图 张恩东
P59	背景图 张恩东；左上小图 陈见星；中小图 张恩东
P60	图 张恩东
P61	图 陈见星
P62	图 徐征泽
P64	图 李良辰

原创动物插图

页码	
P8	苏天爱
P12	李纤纤、毛人杰
P16	丁 宁
P20	张孟玥
P24	吴 韩
P28	周欣欣
P32	姚慧雯
P36	吴佳雯
P37	章林佳、吕晓倩、干雅婧
P40	夏 琴
P44	顾思怡
P48	陈 翀
P52	朱天娇
P56	印漪宁
P66—68	冯永明

AR（增强现实）使用说明

1. 检查配置

苹果 IOS 平台

支持iOS 7.0以上版本系统；

支持iphone 5以上，iPad 2以上（包括iPad Air）。

安卓 Android 平台

支持装有Android 4.1以上版本。

CPU: 1Ghz（双核）以上

GPU: 395Mhz以上

RAM: 2GB

为保证使用流畅，请在安装之前，确认手机或平板电脑内预留2GB以上的可用容量。

2. 下载程序

方法一： 网址 http://hd.glorup.com

方法二：扫描二维码

进入"走近动物系列"界面，选择苹果或安卓系统的对应安装。

3. 操作步骤

步骤一：点击"走近动物"APP图标进入程序。

步骤二：点击程序界面中的"开始"按钮。

如果你是第一次使用，请刮开本书封面前勒口上的二维激活码。将手机或平板电脑对准激活二维码，扫描"正版激活码"激活，完成正版验证。

注意：验证过程中请确保手机或平板电脑与互联网链接。

4. 使用须知

- 确保手机或平板电脑扬声器已经打开，以便欣赏其中的音效。
- 在欣赏4D动画时，可以适当转动手机或平板电脑的角度，从不同的方向观看，也可以脱离已识别的"AR魔法图片"区域，对识别到的动画进行放大、缩小、旋转和位移操作，并且与动物拍照互动。

界面说明

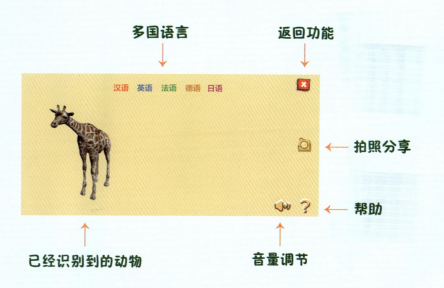

步骤三：完成激活验证后，手机或平板电脑自动进入魔法图片扫描页面，将手机或平板电脑摄像头对准书中的"AR魔法图片"进行扫描（适宜范围20cm—40cm），即可感受4D奇妙乐趣。

提示：以下情况可能会造成图像不能被识别

- 强烈的阳光或灯光直射造成页面反光。
- 昏暗的环境或光线亮度不停变换的环境。
- 在指定图片以外的区域扫描。
- 页面图片有大面积破损、折断、污染、变形等。

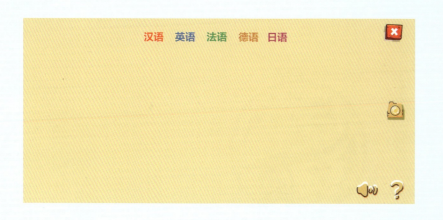

AR 技术支持　QQ: 3490780553

参考文献

[1] 张树义等. 从马赛马拉到塞伦盖蒂［M］. 北京：海洋出版社，2017.

[2] 非洲的青山. 东非大草原野生动物大追踪（上）［M］. 北京：中国少年儿童出版社，2016.

[3] 非洲的青山. 东非大草原野生动物大追踪（下）［M］. 北京：中国少年儿童出版社，2016.

[4]（日）雄谷聪. 让孩子爱上科学的动物书1［M］. 张伟译. 海口：南海出版公司，2013.

[5]（日）加藤由子. 让孩子爱上科学的动物书2［M］. 曹艺译. 海口：南海出版公司，2013.

[6]（日）雄谷聪. 让孩子爱上科学的动物书3［M］. 曹艺译. 海口：南海出版公司，2013.

[7] 金海宏. 动物奥秘一本通［M］. 新北市：幼福文化事业股份有限公司，2016.

[8] 韩启德，陈宜瑜，金杏宝，等. 十万个为什么（第六版）［M］. 上海：少年儿童出版社，2013.

[9]（英）朱丽叶·克鲁顿-布罗克（Juliet Clutton-Brock）. 哺乳动物（Mammals）［M］. 王德华等译. 北京：中国友谊出版公司，2005.

[10]（意）乔凡尼·朱塞佩·贝拉尼.美丽的地球·非洲［M］. 董庆译. 北京：中信出版社，2016.

[11] African elephant. Wikipedia[DB/OL]. https://en.wikipedia.org/wiki/African_elephant. 2017-05-17.

[12] Lion. Wikipedia[DB/OL]. https://en.wikipedia.org/wiki/Lion. 2017-05-20.

[13] Giraffe. Wikipedia[DB/OL]. https://en.wikipedia.org/wiki/Giraffe. 2017-05-20.

[14] Hippopotamus. Wikipedia[DB/OL]. https://en.wikipedia.org/wiki/Hippopotamus. 2017-05-21.

[15] Nile crocodile. Wikipedia[DB/OL]. https://en.wikipedia.org/wiki/Nile_crocodile. 2017-05-22.

[16] Spotted hyena. Wikipedia[DB/OL]. https://en.wikipedia.org/wiki/Spotted_hyena. 2017-05-22.

[17] Wildebeest. Wikipedia[DB/OL]. https://en.wikipedia.org/wiki/Wildebeest. 2017-06-02.

[18] White rhinoceros. Wikipedia[DB/OL]. https://en.wikipedia.org/wiki/White_rhinoceros. 2017-06-02.

[19] Zebra. Wikipedia[DB/OL]. https://en.wikipedia.org/wiki/Zebra. 2017-06-05.

[20] Cheetah. Wikipedia[DB/OL]. https://en.wikipedia.org/wiki/Cheetah. 2017-06-05.

[21] Leopard. Wikipedia[DB/OL]. https://en.wikipedia.org/wiki/Leopard. 2017-06-09.

[22] African buffalo. Wikipedia[DB/OL]. https://en.wikipedia.org/wiki/African_buffalo. 2017-06-09.

[23] Flamingo. Wikipedia[DB/OL]. https://en.wikipedia.org/wiki/Flamingo. 2017-06-10.